2019 年版　全国二级造价工程师职业资格考试辅导

建设工程计量与计价实务（土木建筑工程）应试指南与模拟试题

柳　锋　何　燕　马　楠　主编

江苏凤凰科学技术出版社

图书在版编目（CIP）数据

建设工程计量与计价实务（土木建筑工程）应试指南与模拟试题/柳锋，何燕，马楠主编．—南京：江苏凤凰科学技术出版社，2019.4

2019年版全国二级造价工程师职业资格考试辅导

ISBN 978-7-5713-0257-3

Ⅰ.①建…　Ⅱ.①柳…　②何…　③马…　Ⅲ.①土木工程—建筑造价管理—资格考试—自学参考资料　Ⅳ.①TU723.3

中国版本图书馆CIP数据核字（2019）第065125号

2019年版全国二级造价工程师职业资格考试辅导
建设工程计量与计价实务（土木建筑工程）应试指南与模拟试题

主　　编	柳　锋　何　燕　马　楠
项目策划	凤凰空间/杨　易
责任编辑	刘屹立　　赵　研
特约编辑	杨　易

出版发行	江苏凤凰科学技术出版社
出版社地址	南京市湖南路1号A楼，邮编：210009
出版社网址	http：//www.pspress.cn
总　经　销	天津凤凰空间文化传媒有限公司
总经销网址	http：//www.ifengspace.cn
印　　刷	固安县京平诚乾印刷有限公司

开　　本	787mm×1092mm　1/16
印　　张	12.75
版　　次	2019年4月第1版
印　　次	2019年4月第1次印刷

标准书号	ISBN 978-7-5713-0257-3
定　　价	60.00元

图书如有印装质量问题，可随时向销售部调换（电话：022－87893668）。

前　言

根据中华人民共和国人力资源社会保障部《关于公布国家职业资格目录的通知》（人社部发〔2017〕68号），住房城乡建设部、交通运输部、水利部、人力资源社会保障部联合印发了《造价工程师职业资格制度规定》和《造价工程师职业资格考试实施办法》（建人〔2018〕67号），对我国造价工程师考试制度做出了重大调整，将原来的造价工程师分为一级造价工程师和二级造价工程师。为此，住房和城乡建设部、交通运输部、水利部组织有关专家制定了2019年版《全国二级造价工程师职业资格考试大纲》。该考试大纲是2019年及以后全国二级造价工程师考试命题和应考人员备考的依据。

广大应试的工程造价人员大多奋战在工程建设第一线，平时任务繁重，备考时间紧，很难在短期内掌握考试大纲的要求和考试培训教材的内容。针对这种现实情况，为了帮助考生尽快适应二级造价工程师职业资格考试的最新考试大纲、最新培训教材、最新考试命题动态，在较短的时间内顺利通过考试，我们特别聘请了工程造价领域的相关专家，在仔细剖析最新大纲、准确把握命题规律、全面预测考题动向的基础上，严格按照2019年最新发布的考试大纲和考试培训教材编写了本套考试辅导用书。在编写本书过程中，专家们紧紧把握最新命题动向，深度模拟应试考题，逐题推敲，优化设计，权威逼真，便于考生掌握考试重点，熟悉考试题型，增强临场经验，提高应试技巧，适应应试环境，尽快进入应试状态，最终顺利通过考试。

本套考试辅导教材包括《建设工程造价管理基础知识应试指南与模拟试题》《建设工程计量与计价实务（土木建筑工程）应试指南与模拟试题》共两册。每个章节均分为考纲要求、考点汇总、习题精选、参考答案四个模块。考点总结归纳全面，重点和难点突出，题日典型丰富，难易程度适中，编排顺序合理，便于考生配合考试培训教材同步复习。书后附有三套全国二级造价工程师职业资格考试模拟试题，便于考生测试复习效果和考前演练。

本套教材既可作为全国二级造价工程师职业资格考试辅导教材，也可作为建设、设计、施工和工程咨询等单位从事工程造价管理工作的专业人员的学习用书，还可作为高等院校工程造价专业的教学参考书。

《2019年版全国二级造价工程师职业资格考试辅导》在使用中如存在不足之处，还望读者提出宝贵意见和建议，以便再版时修订和完善。

编者

2019年4月

目　　录

第一章　专业基础知识

第一节　工业与民用建筑工程的分类、组成及构造

考纲要求

1. 熟悉工业与民用建筑工程的分类。
2. 掌握民用建筑组成与构造。
3. 掌握工业建筑组成与构造。

考点汇总

一、工业与民用建筑工程的分类

（一）工业建筑分类

1. 按厂房层数分类

单层厂房、多层厂房、混合层数厂房。

2. 按工业建筑用途分类

生产厂房、生产辅助厂房、动力用厂房、仓储建筑、仓储用建筑、其他建筑。

3. 按主要承重结构的形式分类

排架结构型、刚架结构型、空间结构型。

4. 按车间生产状况分类

冷加工车间、热加工车间、恒温恒湿车间、洁净车间、其他特种状况的车间。

（二）民用建筑分类

1. 按建筑物的层数和高度分类
2. 按建筑的耐久年限分类
3. 按建筑物的承重结构材料分类
4. 按施工方法分类
5. 按承重体系分类

二、民用建筑工程组成及构造

（一）地基

地基的分类：天然地基和人工地基两大类。

（二）基础

1. 基础类型

（1）按材料及受力特点分类：

1）刚性基础。

2）柔性基础，即钢筋混凝土基础。

（2）按基础的构造形式分类：基础按构造的方式可分为独立基础、条形基础、筏形基础、箱形基础、桩基础等。

2. 基础埋深

3. 地下室防潮与防水构造

（1）地下室防潮：当地下室地坪位于常年地下水位以上时，地下室需做防潮处理。

（2）地下室防水：当地下室地坪位于最高设计地下水位以下时，地下室四周墙体及底板均受水压影响，应采用防水做法。

（三）墙

1. 墙的类型

2. 墙体细部构造

①防潮层。②勒脚。③散水和暗沟（明沟）。④窗台。⑤过梁。⑥圈梁。⑦构造柱。⑧变形缝，包括伸缩缝、沉降缝和防震缝。⑨烟道与通风道。

3. 墙体保温隔热

（1）外墙外保温。

（2）外墙内保温。

（四）楼板与地面

楼板主要由面层、结构层、天棚层三个部分组成。

1. 楼板的类型

（1）钢筋混凝土楼板：钢筋混凝土楼板按施工方式的不同可以分为现浇整体式、预制装配式和装配整体式楼板。

（2）钢衬板组合楼板：钢衬板组合楼板是利用压型钢板代替钢筋混凝土楼板中的一部分钢筋、模板（同时兼起施工模板作用）而形成的一种组合楼板，具有强度高、刚度大、施工快等优点。

2. 现浇钢筋混凝土楼板

现浇钢筋混凝土楼板主要分为板式楼板、肋梁楼板、井字形肋楼板、无梁楼板四种。

3. 预制装配式钢筋混凝土楼板

被经常选用的预制钢筋混凝土楼板有普通型和预应力型两类。

普通型在建筑物中仅用作小型配件。与普通型钢筋混凝土构件相比，预应力钢筋混凝土构件可节约钢材30%～50%，节约混凝土10%～30%，因而被广泛采用。

4. 装配整体式钢筋混凝土楼板

5. 地面构造

地面主要由面层、垫层和基层三部分组成。当它们不能满足使用或构造要求时，可考虑增设结合层、隔离层、找平层、防水层、隔声层等附加层。

（五）阳台与雨篷

1. 阳台

（1）阳台的承重构件：①墙承式。②悬挑式：挑梁式和挑板式。

（2）阳台细部构造：①阳台栏杆（栏板）。②扶手。③阳台排水。

2. 雨篷

（六）楼梯

1. 楼梯的组成

楼梯一般由楼梯段、平台、栏杆扶手三部分组成。

2. 楼梯的类型

3. 钢筋混凝土楼梯构造

（1）现浇钢筋混凝土楼梯：分为板式楼梯和梁式楼梯两种。

（2）预制装配式钢筋混凝土楼梯。

1）小型构件装配式楼梯：按照预制踏步的支承方式分为悬挑式、墙承式、梁承式三种。

2）中型及大型构件装配式楼梯。

4. 台阶与坡道

（七）门与窗

1. 门、窗的类型

2. 门、窗的构造组成

（1）门的构造组成：一般门主要由门樘和门扇两部分组成。

（2）窗的构造组成：窗主要由窗樘和窗扇两部分组成。

（八）屋顶

1. 屋顶的类型

屋顶按照材料不同有钢筋混凝土屋顶、瓦屋顶、金属屋顶等，按其外形一般可分为平屋顶、坡屋顶和曲面屋顶等。

2. 屋顶的排水

（1）屋顶坡度：屋面坡度的形成有材料找坡和结构找坡两种做法。

（2）排水方式：屋面排水方式可分为无组织排水和有组织排水两种方式。

3. 平屋顶的构造

（1）平屋顶的构造组成：平屋顶（从下到上）主要由结构层、隔汽层、找坡层、隔热层（保温层）、找平层、结合层、防水层、保护层等部分组成。

（2）平屋顶柔性防水：柔性防水屋顶可采用防水卷材防水、涂膜防水或复合防水。

（3）平屋顶的节能：

1）平屋顶的保温材料：有挤塑聚苯板、泡沫玻璃保温板等。

2）平屋顶的节能构造做法：①高效保温材料节能屋顶构造。②架空型保温节能屋顶构造。③保温、找坡结合型保温节能屋顶构造。④倒置型保温节能屋顶构造。

4. 坡屋顶的构造

坡屋顶构造层次主要由屋顶天棚、承重结构层及屋面面层组成，必要时还应增设保温层、隔热层等。

（1）坡屋顶的承重结构：①砖墙承重。②屋架承重。③梁架结构。④钢筋混凝土梁板承重。

（2）坡屋顶屋面：①平瓦屋面。②波形瓦屋面。③小青瓦屋面。

（3）坡屋面的细部构造：①檐口。②山墙。③斜天沟。④烟囱泛水构造。⑤檐沟和落水管。

（4）坡屋顶的天棚、保温、隔热与通风。

（九）装饰构造

1. 墙体饰面装修构造

① 抹灰类。②贴面类。③涂料类。④裱糊类。⑤铺钉类。

2. 楼地面装饰构造

（1）整体浇筑楼地面：①水泥砂浆楼地面。②水磨石楼地面。③菱苦土楼地面。

（2）块料楼地面：①陶瓷板块楼地面。②石板地面。③塑料板块楼地面。④木楼地面。

（3）卷材楼地面。

（4）涂料楼地面。

3. 天棚装饰构造

（1）直接式天棚。

（2）悬吊式天棚。

三、工业建筑工程组成及构造

（一）单层厂房的结构组成

1. 承重结构

（1）横向排架：由基础、柱、屋架组成，主要是承受厂房的各种竖向荷载。

（2）纵向连系构件：由吊车梁、圈梁、连系梁、基础梁等组成，与横向排架构成骨架，保证厂房的整体性和稳定性。

（3）支撑系统构件：支撑系统包括柱间支撑和屋盖支撑两大部分。

2. 围护结构

单层厂房的围护结构包括外墙、屋顶、地面、门窗、天窗、地沟、散水、坡道、消防梯、吊车梯等。

（二）单层厂房承重结构构造

1. 基础

单层厂房一般柱距与跨度较大，基础一般采用独立式基础。

2. 柱

3. 屋盖结构

4. 吊车梁

①T 形吊车梁。②工字形吊车梁。③鱼腹式吊车梁。

5. 支撑

单层厂房的支撑分为屋架支撑和柱间支撑两类。

习题精选

一、单项选择题

1. 建筑物与构筑物的主要区别在于(　　)。

A. 占地面积小　　B. 体量大小

C. 满足功能要求　　D. 提供活动空间

2. 建筑物中民用建筑一般包括(　　)两大部分。

A. 生活建筑和市政建筑　　B. 居住建筑和公共建筑

C. 生活建筑和文化建筑　　D. 生活建筑和公共建筑

3. 力求节省钢材且截面最小的大型结构应采用(　　)。

A. 钢结构　　B. 型钢混凝土结构

C. 钢筋混凝土结构　　D. 混合结构

4. 型钢混凝土组合结构比钢结构(　　)。

A. 防火性能好　　B. 节约空间　　C. 抗震性能好　　D. 变形能力强

5. 高层建筑抵抗水平荷载最有效的结构是(　　)。

A. 剪力墙结构　　B. 框架结构　　C. 筒体结构　　D. 混合结构

6. 空间较大的 18 层民用建筑的承重体系可优先考虑(　　)。

A. 混合结构体系　　B. 框架结构体系

C. 剪力墙体系　　D. 框架—剪力墙体系

7. 设计跨度为 120m 的展览馆，应优先采用(　　)。

A. 桁架结构　　B. 筒体结构　　C. 网架结构　　D. 悬索结构

8. 关于刚性基础的说法，正确的是(　　)。

A. 基础大放脚应超过基础材料刚性角范围

B. 基础大放脚与基础材料刚性角一致

C. 基础宽度应超过基础材料刚性角范围

D. 基础深度应超过基础材料刚性角范围

9. 关于钢筋混凝土基础的说法，正确的是(　　)。

A. 钢筋混凝土条形基础底宽不宜大于 600mm

B. 锥形基础断面最薄处高度不小于 200mm

C. 通常宜在基础下面设 300mm 左右厚的素混凝土垫层

D. 阶梯形基础断面每踏步高 120mm 左右

10. 室的墙体一般设置圈梁(　　)。

A. 一道　　B. 二道　　C. 三道　　D. 四道

11. 某宾馆门厅 9m×9m，为了提高净空高度，宜优先选用(　　)。

A. 普通板式楼板　　B. 梁板式肋形楼板

C. 井字形密肋楼板　　D. 普通无梁楼板

12. 普通民用建筑楼梯梯段的踏步数一般(　　)。

A. 不宜超过 15 级，不少于 2 级　　B. 不宜超过 15 级，不少于 3 级

C. 不宜超过18级，不少于2级　　D. 不宜超过18级，不少于3级

13. 将楼板段与休息平台组成一个构件再组合的预制钢筋混凝土楼梯是(　　)。

A. 大型构件装配式楼梯　　B. 中性构件装配式楼梯

C. 小型构件装配式楼梯　　D. 悬挑转配式楼梯

14. 平屋顶装配混凝土板上的细石混凝土找平层厚度一般是(　　)。

A. 15～20mm　　B. 20～25mm　　C. 25～30mm　　D. 30～35mm

15. 架空型保温节能屋顶构造，当采用混凝土板架空隔热层时，屋面坡度不宜大于(　　)。

A. 5%　　B. 6%　　C. 8%　　D. 10%

二、多项选择题

1. 以下说法正确的有(　　)。

A. 鱼腹式吊车梁，轻便，但是受力不好

B. 工字形吊车梁吊车起重量为5～25t的厂房

C. 柱的截面尺寸 $b \times h$ 大于600mm×1500mm时，宜选用双肢柱

D. 中小型厂房，特别是不需要设保温层的厂房采用有檩方案

E. 预应力工字形吊车梁适用于厂房柱距6m以内

2. 某住宅楼共12层高，按照建筑的耐久年限划分属于(　　)。

A. 属于一级建筑　　B. 属于二级建筑

C. 属于三级建筑　　D. 耐久年限要求为50年以上

E. 耐久年限要求为100年以上

3. 网架结构体系的特点有(　　)。

A. 空间受力体系，整体性好　　B. 杆件轴向受力合理，节约材料

C. 高次超静定，稳定性差　　D. 杆件适于工业化生产

E. 结构刚度小，抗震性能差

4. 承受相同荷载条件下，相对刚性基础而言，柔性基础的特点有(　　)。

A. 节约基础挖方量　　B. 节约基础钢筋用量

C. 增加基础钢筋用量　　D. 减小基础埋深

E. 增加基础埋深

5. 钢筋混凝土楼梯按楼梯段传力特点划分有(　　)。

A. 墙承式楼梯　　B. 梁式楼梯

C. 梁板式楼梯　　D. 板式楼梯

E. 悬挑式楼梯

6. 以下说法正确的有(　　)。

A. 涂膜防水倒置式屋面能使防水层无热胀冷缩现象，延长防水层的使用寿命

B. 涂膜防水保护层采用细石混凝土做保护层设分隔缝的纵横间距不应大于6m

C. 重要建筑和高层建筑应采用Ⅱ级防水

D. 采用高分子防水层时施工前应在找平层上涂刷冷底子油做基层处理

E. 倒置式屋面是传统的保温防水屋面做法

7. 关于平屋顶防水细部构造的说法，正确的有(　　)。
A. 檐沟和天沟的防水层增设的附加层伸入屋面的宽度不应小于 250mm
B. 女儿墙压顶可采用混凝土或金属制品。压顶向内排水坡度不应小于 5%
C. 女儿墙泛水处的防水层下增设附加层的在平面的宽度均不应小于 250mm
D. 女儿墙泛水处的防水层下增设附加层的在立面的宽度均不应小于 250mm
E. 滴水槽宽度和深度不宜小于 20mm。
8. 按照坡屋顶的承重结构划分有(　　)。
A. 硬山搁檩　　B. 屋架承重
C. 刚架结构　　D. 梁架结构
E. 钢筋混凝土梁板承重
9. 坡屋顶的承重屋顶常见的形式有(　　)。
A. 三角形　　B. 梯形
C. 矩形　　D. 多边形
E. 弧形

参考答案

一、单项选择题

1. D　2. B　3. B　4. A　5. C　6. D　7. D　8. B　9. B　10. B
11. C　12. D　13. A　14. D　15. A

二、多项选择题

1. BCDE　2. AE　3. ABD　4. ACD　5. BD
6. AB　7. ABCD　8. ABDE　9. ABCD

第二节　土建工程常用材料的分类、基本性质及用途

考纲要求

1. 熟悉土建工程中常用材料分类、基本性质及用途。

2. 掌握石灰的品种、熟化的概念和凝结硬化的原理，掌握石灰的正确应用。

3. 掌握硅酸盐水泥的技术性质、特性及应用，掌握掺混合材料的硅酸盐水泥品种、特性及选用。

4. 掌握混凝土的技术性质、质量评定、混凝土配合比的设计、混凝土的试验内容和方法。

5. 掌握建筑钢材的技术性质和技术标准，并能根据结构的要求选择钢材的牌号，正确使用建筑钢材。

6. 熟悉新拌砂浆和易性的评定及其对砂浆性质的影响，硬化后砂浆强度的确定，混合砂浆配合比的设计。

考点汇总

一、建筑结构材料

（一）无机胶凝材料

1. 石灰

（1）石灰的生产与分类：石灰是一种传统的气硬性胶凝材料，主要原料是以含碳酸钙较多的天然岩石，如石灰石等。

1）生石灰粉。

2）消石灰粉。

3）将块状生石灰用大量的水消化，或将消石灰粉和水拌和所得的一定稠度的膏状物，主要成分是氢氧化钙和水。

（2）石灰的硬化。

（3）石灰的基本性质：①熟化放热量大，腐蚀性强。②可塑性、保水性好。③凝结硬化慢，强度低。④硬化时体积收缩大。⑤吸湿性强，耐水性差。

（4）石灰的应用：①制作石灰乳涂料。②配制砂浆。③拌制灰土或三合土。④生产硅酸盐制品。

2. 石膏

（1）建筑石膏。

1）建筑石膏的硬化：①石膏的初凝。②石膏的终凝。

2）建筑石膏的基本性质：①凝结硬化快。②微膨胀性。③多孔性。④防火性能良好。⑤装饰性和可加工性。⑥耐水性、抗冻性差。

3）建筑石膏的应用：建筑石膏在运输及储存时应注意防潮，一般储存 3 个月后，强度将降低 30%左右。存储期超过 3 个月或受潮的石膏，需经检验后才能使用。

（2）高强石膏。

（3）无水石膏水泥。

（4）高温煅烧石膏：由于硬化后有较高的强度和耐磨性，抗水性、抗冻性较好，适宜做地板，故又称地板石膏。

3. 水泥

（1）硅酸盐水泥：

1）定义与代号：硅酸盐水泥可分为两种类型：不掺混合材料的称为Ⅰ型硅酸盐水泥，代号 P·I；掺入不超过水泥质量 5%的石灰石或粒化高炉矿渣混合材料的称为Ⅱ型硅酸盐水泥，代号 P·Ⅱ。

2）硅酸盐水泥的凝结硬化。

3）硅酸盐水泥的技术性质：

① 细度。

② 凝结时间：硅酸盐水泥初凝时间不得早于 45min，终凝时间不得迟于 6.5h；普通硅酸盐水泥初凝时间不得早于 45min，终凝时间不得迟于 10h。水泥初凝时间不合要求，该水

泥报废；终凝时间不合要求，视为不合格。

③ 体积安定性：引起安定性不良的主要原因是熟料中游离氧化钙、游离氧化镁或石膏含量过多。安定性不合格的水泥不得用于工程，应废弃。

④ 强度：硅酸盐水泥分为42.5、42.5R、52.5、52.5R、62.5和62.5R六个等级。

⑤ 碱含量：水泥中碱含量不得大于0.60%或由供需双方商定。

⑥ 水化热：水化热对大体积混凝土工程是不利的。

4）硅酸盐水泥的应用：

① 水泥强度等级较高，主要用于重要结构的高强度混凝土、钢筋混凝土和预应力混凝土工程。

② 凝结硬化较快、抗冻性好，适用于早期强度要求高、凝结快，冬期施工及严寒地区、遭受反复冻融的工程。

③ 水泥中含有较多的氢氧化钙，抗软水侵蚀和抗化学腐蚀性差，所以不宜用于经常与流动软水接触及有水压作用的工程，也不宜用于海水和侵蚀性介质存在的工程。

④ 因水化过程放出大量的热，故不宜用于大体积混凝土构筑物。

（2）掺混合材料的硅酸盐水泥：

1）混合材料：① 活性混合材料。② 非活性混合材料。

2）定义与代号：① 普通硅酸盐水泥，代号P·O。② 矿渣硅酸盐水泥，代号P·S。③火山灰质硅酸盐水泥，代号P·P。④粉煤灰硅酸盐水泥，代号P·F。⑤复合硅酸盐水泥，代号P·C。

（二）混凝土

①水泥混凝土。②预拌混凝土。③特种混凝土。

（三）砌筑材料

①砖。②砌块。③石材。④砌筑砂浆。

（四）建筑钢材

1. 常用建筑钢材分类及用途

（1）钢筋混凝土结构用钢：

1）热轧钢筋。

2）冷加工钢筋：常见的品种有冷拉热轧钢筋、冷轧带肋钢筋和冷拔低碳钢丝。

3）热处理钢筋：主要用作预应力钢筋混凝土轨枕，也可以用于预应力混凝土板、吊车梁等构件。

4）预应力混凝土用钢丝：预应力混凝土用钢丝强度高、柔性好，适用于大跨度屋架、薄腹梁、吊车梁等大型构件的预应力结构。

5）预应力混凝土钢绞线：预应力混凝土用钢绞线强度高、柔性好，与混凝土黏结性能好，多用于大型屋架、薄腹梁、大跨度桥梁等大负荷的预应力混凝土结构。

（2）钢结构用钢：

1）热轧型钢：常用的热轧型钢有角钢、工字钢、槽钢、T形钢、H形钢等。它是钢结构中采用的主要钢材。

2）冷弯型钢：冷弯型钢是一种经济的截面轻型薄壁钢材。它具有热轧所不能生产的各种特薄、形状合理而复杂的截面。

3）压型钢板：具有单位质量轻、强度高、抗震性好、施工快、外形美观等优点，主要用于围护结构、楼板、屋面等。

（3）钢管混凝土结构用钢：钢管混凝土结构按照界面形式的不同，可分为矩形钢管混凝土结构、圆钢管混凝土结构和多边形钢管混凝土结构等，其中矩形钢管混凝土结构和圆形钢管混凝土结构应用较广。

2. 建筑钢材的技术性能

①抗拉性能。②冲击性能。③耐疲劳性。④冷弯性能。⑤焊接性能。

二、建筑装饰材料

（一）饰面材料

1. 饰面石材

（1）天然饰面石材：

1）花岗石板材：花岗石耐火性差。建筑上常用的剁斧板，主要用于室外地面、台阶、基座等处；机刨板材一般多用于地面、踏步、檐口、台阶等处；花岗石粗磨板则用于墙面、柱面、纪念碑等；磨光板材因其具有色彩鲜明、光泽照人的特点，主要用于室内外墙面、地面、柱面等。

2）大理石板：大理石相对较易锯解、雕琢和磨光等加工。纯净的大理石为白色，称汉白玉。大理石板材具有吸水率小、耐磨性好以及耐久等优点，但其抗风化性能较差，除个别品种（含石英为主的砂岩及石曲岩）外一般不宜用作室外装饰。

（2）人造饰面石材：

1）建筑水磨石板材：水磨石板比天然大理石有更多的选择性，物美价廉，是建筑上广泛应有的装饰材料，可制成各种形状的饰面板，用于墙面、地面、窗台、踢脚、台面、踏步、水池等。

2）合成石面板：可用于室内外立面、柱面装饰，作室内墙面与地面装饰材料，还可作楼梯面板、窗台板等。

2. 饰面陶瓷

（1）釉面砖：釉面砖又称瓷砖。釉面砖表面平整、光滑，坚固耐用，色彩鲜艳，易于清洁，防火、防水、耐磨、耐腐蚀等。但不应用于室外。

（2）墙地砖：具有坚固耐用，易清洗、防火、防水、耐磨、耐腐蚀等特点，可制成平面、麻面、仿花岗石面、无光釉面、有光釉面、防滑面、耐磨面等多种产品。

（3）陶瓷锦砖：俗称马赛克，是以优质瓷土烧制成的小块瓷砖。陶瓷锦砖色泽稳定、美观、耐磨、耐污染、易清洗，抗冻性能好，坚固耐用，且造价较低，主要用于室内地面铺装。

（4）瓷质砖。

3. 其他饰面材料

①石膏饰面材料。②塑料饰面材料。③木材、金属等饰面材料。

（二）建筑玻璃

1. 平板玻璃

2. 装饰玻璃

①彩色平板玻璃。②釉面玻璃。③压花玻璃。④喷花玻璃。⑤乳花玻璃。⑥刻花玻璃。⑦冰花玻璃。

3. 安全玻璃

（1）防火玻璃：防火玻璃主要用于有防火隔热要求的建筑幕墙、隔断等构造和部位。

（2）钢化玻璃：钢化玻璃机械强度高、弹性好、热稳定性好、碎后不易伤人，但可发生自爆。常用作建筑物的门窗、隔墙、幕墙及橱窗、家具等。

（3）夹丝玻璃：夹丝玻璃具有安全性、防火性和防盗抢性。夹丝玻璃多用于高层建筑和震荡性强的厂房。

（4）夹层玻璃：夹层玻璃有着较高的安全性，一般在建筑上用于高层建筑的门窗、天窗、楼梯栏板和有抗冲击作用要求的商店、银行、橱窗、隔断及水下工程等安全性能高的场所或部位等。夹层玻璃不能切割，需要选用定型产品或按尺寸定制。

4. 节能装饰型玻璃

（1）着色玻璃。

（2）镀膜玻璃：镀膜玻璃分为阳光控制镀膜玻璃和低辐射镀膜玻璃。低辐射镀膜玻璃又称“Low-E”玻璃，有利于自然采光，可节省照明费用。可使夏季室内凉爽而冬季则有良好的保温效果，总体节能效果明显。可以有效地防止室内陈设物品、家具等受紫外线照射产生老化、褪色等现象。

（3）中空玻璃。

（4）真空玻璃：新型、高科技含量的节能玻璃深加工产品，是我国玻璃工业中为数不多的具有自主知识产权的前沿产品，在绿色建筑的应用上具有良好的发展潜力和前景。

（三）建筑装饰涂料

1. 对外墙涂料的基本要求

外墙涂料主要起装饰和保护外墙墙面的作用，要求有良好的装饰性、耐水性、耐候性、耐污染性和施工及维修容易。

3. 对内墙涂料的基本要求

① 色彩丰富、细腻、调和。②耐碱性、耐水性、耐粉化性良好。③透气性良好。④涂刷方便，重涂容易。

4. 对地面涂料的基本要求

① 耐碱性良好。②耐水性良好。③耐磨性良好。④抗冲击性良好。⑤与水泥砂浆有好的粘接性能。⑥涂刷施工方便，重涂容易。

（四）建筑塑料

① 塑料门窗。②塑料地板。③塑料壁纸。④玻璃钢制品。

（五）装饰装修用钢材

常用的主要有不锈钢钢板和钢管、彩色不锈钢板、彩色涂层钢板和彩色涂层压型钢板，以及镀锌钢卷帘门板及轻钢龙骨等。

（六）木材

三、建筑功能材料

（一）防水材料

1. 防水卷材

（1）聚合物改性沥青防水卷材：

1）SBS改性沥青防水卷材：该类防水卷材广泛适用于各类建筑防水、防潮工程，尤其适用于寒冷地区和结构变形频繁的建筑物防水，并可采用热熔法施工。

2）APP改性沥青防水卷材：该类防水卷材广泛适用于各类建筑防水、防潮工程，尤其适用于高温或有强烈太阳辐射地区的建筑物防水。

3）沥青复合胎柔性防水卷材：该类卷材适用于工业与民用建筑的屋面、地下室、卫生间等的防水防潮，也可用于桥梁、停车场、隧道等建筑物的防水。

（2）合成高分子防水卷材。

2. 防水涂料

（1）高聚物改性沥青防水涂料。

（2）合成高分子防水涂料。

3. 建筑密封材料

（1）不定形密封材料：①沥青嵌缝油膏。②聚氯乙烯接缝膏和塑料油膏。③丙烯酸类密封膏。④聚氨酯密封膏。⑤硅酮密封膏。

（2）定形密封材料：铝合金门窗橡胶密封条、丁腈胶-PVC门窗密封条、自粘性橡胶、橡胶止水带、塑料止水带等。

（二）保温隔热材料

（1）纤维状绝热材料：①岩棉及矿渣棉。②石棉。③玻璃棉。

（2）散粒状绝热材料：①膨胀蛭石。②膨胀珍珠岩。③玻化微珠。

（3）多孔状绝热材料：①轻质混凝土。②微孔硅酸钙。③泡沫玻璃。

（4）有机绝热材料：①泡沫塑料。②植物纤维类绝热板。

（三）吸声隔声材料

（1）吸声材料：①薄板振动吸声结构。②柔性吸声结构。③悬挂空间吸声结构。④帘幕吸声结构。

（2）隔声材料。

（四）防火材料

习题精选

一、单项选择题

1. 关于常用水泥凝结时间的说法，正确的是（　　）。

A. 初凝时间不宜过长，终凝时间不宜过短

B. 初凝时间是从水泥加水拌合起至水泥浆开始产生强度所需的时间

C. 终凝时间是从水泥加水拌合起至水泥浆达到强度等级所需的时间

D. 常用水泥的初凝时间均不得短于 45min，硅酸盐水泥的终凝时间不得长于 6.5h

2. 关于普通硅酸盐水泥主要特性的说法，正确的是(　　)。

A. 水化热较小　　B. 抗冻性较差

C. 耐热性较差　　D. 干缩性较大

3. 国家标准规定，采用(　　)来测定水泥的 3d 和 28d 的抗压强度和抗折强度，根据测定结果来确定该水泥的强度等级。

A. 煮沸法　　B. 试饼法　　C. 胶砂法　　D. 雷氏法

4. 在钢筋混凝土结构工程施工中，对于混凝土实心板，可允许采用最大粒径达 1/3 板厚的集料，但最大粒径不得超过(　　)mm。

A. 40　　B. 50　　C. 60　　D. 70

5. 关于花岗石特性的说法，正确的是(　　)。

A. 强度低　　B. 密度小　　C. 吸水率极低　　D. 属碱性硬石材

6. 可以直接在水泥基层上涂刷，耐洗刷性好，能用于潮气较大的部位的建筑内墙涂料是(　　)。

A. 苯-丙乳胶漆　　B. 丙烯酸酯乳胶漆

C. 乙烯-乙酸乙烯乳胶漆　　D. 聚乙烯酸水玻璃涂料

7. 防水卷材的机械力学性能常用(　　)表示。

A. 抗渗透性、拉力、拉伸强度、耐热性

B. 拉力、拉伸强度和断裂伸长率

C. 耐热性、抗渗透性、断裂伸长率

D. 耐热性、耐老化性、拉力、拉伸强度

8. 国家标准规定，普通硅酸盐水泥的终凝时间最大值是(　　)。

A. 7h　　B. 8h　　C. 9h　　D. 10h

9. 要求快硬早强的混凝土应优先选用的常用水泥是(　　)。

A. 硅酸盐水泥　　B. 矿渣水泥

C. 普通硅酸盐水泥　　D. 复合水泥

10. 大体积混凝土不宜使用的水泥是(　　)。

A. 普通水泥　　B. 矿渣水泥　　C. 粉煤灰水泥　　D. 硅酸盐水泥

11. 水泥的安定性一般是指水泥在凝结硬化过程中(　　)变化的均匀性。

A. 强度　　B. 体积　　C. 温度　　D. 矿物组成

12. 按相关规范规定，建筑水泥的存放期通常为(　　)个月。

A. 1　　B. 2　　C. 3　　D. 6

13. 钢材按化学成分分为(　　)两大类。

A. 碳素钢和不锈钢　　B. 碳素钢和合金钢

C. 碳素钢和玻璃钢　　D. 不锈钢和玻璃钢

14. 我国钢结构用热轧型钢主要是碳素结构钢和低合金高强度结构钢，在碳素结构钢中主要采用(　　)钢。

A. Q235　　B. Q345　　C. Q390　　D. Q420

15. 下列厚度的钢板中，属于冷轧钢板的是(　　)。

A. 6mm　B. 5mm　C. 5.5mm　D. 0.2～4mm

16. 结构设计中钢材强度的取值依据是(　　)。

A. 比例极限　B. 弹性极限　C. 屈服极限　D. 强度极限

17. 下列钢号中，属于新Ⅲ级钢的是(　　)。

A. HPB300　B. HRBF400　C. HRB335　D. HRB400

18. 下列元素中，能使钢材的热加工性能改善，同时也可提高钢材强度的是(　　)。

A. 硫　B. 氧　C. 氮　D. 锰

19. 关于建筑钢材拉伸性能的说法，正确的是(　　)。

A. 性能指标包括屈服强度、抗拉强度和伸长率

B. 性能是指钢材抵抗冲击荷载的能力

C. 性能随温度的下降而减小

D. 负温下使用的结构，应当选用脆性临界温度较使用温度高的钢材

20. 关于普通混凝土用粗骨料的说法，正确的是(　　)。

A. 粒径在 5mm 以上的骨料称为粗骨料

B. 普通混凝土常用的粗骨料有碎石和片石

C. 骨料粒径增大时，其比表面积增大

D. 最大粒径不得超过结构截面最小尺寸的 1/3

二、多项选择题

1. 外墙外保温是一种最科学、最高效的保温节能技术，以下说法正确的有(　　)。

A. 保温层的面层薄面层一般为聚合物水泥胶浆抹面

B. 保温层的面层薄型面层的厚度一般在 10mm 以内

C. 保温层的面层厚面层则采用普通水泥砂浆抹面

D. 保温层的面层厚度为 25～30mm

E. 薄型面层施工时，一般要用钢丝网覆盖于聚苯板保温层上

2. 关于外墙外保温的说法，正确的有(　　)。

A. 是一种最科学、最高效的保温节能技术。

B. 保温层的面层厚面层则采用普通水泥砂浆抹面

C. 可以用于旧建筑外墙的节能改造

D. 保温材料耐久性好于外墙内保温

E. 墙体内表面应力大，易引起内表面保温的开裂

3. 预应力混凝土结构构件中，可使用的钢材包括各种(　　)。

A. 冷轧带肋钢筋　B. 冷拔低碳钢丝

C. 热处理钢筋　D. 冷拉钢丝

E. 消除应力钢丝

4. 有抗化学侵蚀要求的混凝土多使用(　　)。

A. 硅酸盐水泥　B. 普通硅酸盐水泥

C. 矿渣硅酸盐水泥　D. 火山灰质硅酸盐水泥

E. 粉煤灰硅酸盐水泥

5. 混凝土的耐久性主要体现在(　　)。

A. 抗压强度　　B. 抗折强度

C. 抗冻等级　　D. 抗渗等级

E. 混凝土碳化

参考答案

一、单项选择题

1. D	2. C	3. C	4. A	5. C	6. A	7. B	8. D	9. A	10. D
11. B	12. C	13. B	14. A	15. D	16. C	17. D	18. D	19. A	20. A

二、多项选择题

1. ABCD　2. ABC　3. CDE　4. CDE　5. CDE

第三节　土建工程主要施工工艺与方法

考纲要求

1. 掌握土石方工程、地基与基础工程、钢筋混凝土工程、装饰工程、防水工程施工工艺。

2. 熟悉预应力混凝土施工、结构吊装工程施工工艺。

考点汇总

一、土石方工程施工

1. 上石方工程分类

① 场地平整。②基坑（槽）开挖。③基坑（槽）回填。④地下工程大型土石方开挖。⑤路基修筑。

2. 填土压实方法

填土压实方法有：碾压法、夯实法及振动压实法。

平整场地等大面积填土多采用碾压法，小面积的填土工程多用夯实法，而振动压实法主要用于非黏性土。

3. 土石方工程的准备与辅助工作

① 土方边坡及其稳定。②基坑（基槽）支护。③降水与排水。

二、地基与基础工程施工

1. 桩基础施工

根据桩在土中受力情况不同，可分为端承桩和摩擦桩。

按施工方法的不同，桩身可分为预制桩和灌注桩两大类。

2. 钢筋混凝土预制桩施工

混凝土预制桩的沉桩方法有锤击法、静力压桩法、振动法和水冲法等。

（1）桩的制作、运输和堆放：

1）桩的制作：长度在 10m 以下的短桩，一般多在工厂预制。对于较长的桩，因不便于运输，通常就在打桩现场附近露天预制。上层桩的浇灌，需待下层桩的混凝土达到设计强度的 30%以后进行，重叠层数不超过 4 层。完成后，应洒水养护不少于 7d。

2）运输、堆放：钢筋混凝土预制桩应在混凝土达到设计强度的 70%方可起吊；达到设计强度的 100%才能运输和打桩。堆放层数不宜超过四层。

（2）打桩：常用的接桩方法有焊接、法兰或硫黄胶泥锚接。前两种接桩方法适用于各类土层；后者只适用于软弱土层。焊接接桩应用最多。

3. 混凝土灌注桩施工

（1）钻孔灌注桩。

（2）人工挖孔灌注桩：特点如下。

① 单桩承载力高，结构受力明确，沉降量小。

② 可直接检查桩直径、垂直度和持力层情况，桩质量可靠。

③ 施工机具设备简单，工艺操作简单，占场地小。

④ 施工无振动、无噪声、无环境污染，对周边建筑无影响。

（3）套管成孔灌注桩。

4. 地下连续墙施工

施工工艺：①修筑导墙。②泥浆护壁。③深槽挖掘。④混凝土浇筑。

5. 喷锚支护施工

6. 土钉支护施工

三、砌筑工程施工

砌筑工程是一个综合施工过程，包括砂浆制备、材料运输、搭设脚手架及砌块砌筑等施工过程。

（一）砌砖与砌块施工

1. 砌砖施工

2. 砌块施工

（二）砌石施工

1. 毛石基础施工

不宜采用混合砂浆。水泥砂浆用 M2.5～M5 级，在铺砌第一皮毛石时，基底如为素土，可不铺砂浆；基底如为各种垫层，应先铺 4cm 左右的砂浆。毛石砌到室内地坪以下 5cm 处，应设置防潮层。

2. 石墙施工

（三）砌筑砂浆

1. 原材料要求

水泥强度等级不明或出厂日期超过 3 个月等情况，应经试验鉴定后方可使用。不同品种的水泥不得混合使用。砂浆宜采用中砂并过筛。采用混合砂浆时，应将生石灰熟化成石灰膏，熟化时间不少于 7d。对于磨细生石灰粉，其熟化时间不得少于 1d。严禁使用脱水硬化的石灰膏。

2. 砂浆强度

3. 砂浆制备与使用

一般仅对高强度砂浆及砌筑处于潮湿环境下的砌体时，采用水泥砂浆。混合砂浆可节约水泥，并提高砂浆的可塑性和保水性，是一般砌体中最常用的砂浆类型。

砂浆应随拌随用，水泥砂浆和水泥混合砂浆必须分别在拌成后 3h 和 4h 内使用完毕。

四、钢筋混凝土工程施工

（一）钢筋工程

1. 钢筋验收

钢筋出厂应有出厂质量证明书或试验报告单。每捆（盘）钢筋应有标牌，并分批验收堆放。验收内容包括查对标牌、外观质量检查及力学性能检验，合格后方可使用。

（1）钢筋的外观检查。

（2）钢筋的力学性能检验。

2. 钢筋的加工

钢筋一般在车间（或现场加工棚）加工，然后运至现场安装或绑扎。钢筋的加工一般包括冷拉、调直、除锈、剪切、弯曲、绑扎、焊接等工序。

3. 钢筋连接

钢筋的连接方法有焊接连接、绑扎搭接连接和机械连接。

（1）钢筋连接的基本要求：钢筋的接头宜设置在受力较小处。同一纵向受力钢筋不宜设置两个或两个以上接头，接头末端至钢筋弯起点的距离不应小于钢筋直径的 10 倍。

当受力钢筋采用机械连接接头或焊接接头时，设置在同一构件内的接头宜相互错开。同一连接区段内，纵向受力钢筋的接头面积百分率应符合设计要求；当设计无具体要求时，应符合下列规定：

① 在受拉区不宜大于 50％。

② 接头不宜设置在有抗震设防要求的框架梁端、柱端的箍筋加密区；当无法避开时。对等强度高质量机械连接接头，不应大于 50％。

③ 直接承受动力荷载的结构构件中，不宜采用焊接接头；当采用机械连接接头时，不应大于 50％。

（2）焊接连接：钢筋采用焊接连接可节约钢材，改善结构受力性能，提高工效，降低成本。常用焊接方法有：闪光对焊、电弧焊、电阻点焊、电渣压力焊、埋弧压力焊、气压焊等。

（3）绑扎搭接连接。

（4）机械连接：钢筋机械连接包括套筒挤压连接和螺纹套管连接。

4. 钢筋安装

（二）模板工程

1. 模板工程的一般规定

（1）模板及其支架应根据工程结构形式、荷载大小、地基土类别、施工设备和材料供应等条件进行设计。

（2）模板及其支架应具有足够的承载能力、刚度和稳定性，能可靠地承受浇筑混凝土的重量、侧压力以及施工荷载。

（3）在浇筑混凝土之前，应对模板工程进行验收。模板安装和浇筑混凝土时，应对模板及其支架进行观察和维护。发生异常情况时，应按施工技术方案及时进行处理。

（4）模板及其支架拆除的顺序及安全措施应按施工技术方案执行。

2. 模板类型

① 木模板。②组合模板。③大模板。④滑升模板。⑤爬升模板。⑥台模。⑦隧道模板。⑧永久式模板。

3. 模板安装

4. 模板拆除

模板拆除必须待混凝土达到一定强度才能进行，拆模程序一般是先拆非承重部分，后拆承重部分，先拆侧模，后拆底模。

框架结构模板的拆除顺序一般是柱→楼板→梁侧模→梁底模。

后张法预应力混凝土结构构件，侧模宜在预应力张拉前拆除；底模支架不应在结构构件建立预应力前拆除。

（三）混凝土工程

1. 混凝土配合比

混凝土应根据实际采用的原材料进行配合比设计，并进行试验、试配，不得采用经验配合比。在混凝上拌制前应测定砂、石含水率并根据测试结果调整材料用量，提出施工的配合比。

2. 混凝土搅拌

（1）混凝土搅拌机类型及选用：混凝土搅拌机按其工作原理，可以分为自落式和强制式两大类。

自落式混凝土搅拌机适用于搅拌塑性混凝土。强制式搅拌机的搅拌作用比自落式搅拌机强烈，宜于搅拌干硬性混凝土和轻骨料混凝土。

（2）混凝土搅拌制度确定：顺序有两种，即一次投料法和二次投料法。

3. 混凝土的运输

（1）运输混凝土的要求：

1）在运输过程中应保持混凝土的均质性，不发生离析现象。

2）混凝土运至浇筑点开始浇筑时，应满足设计配合比所规定的坍落度。

3）应保证在混凝土初凝之前能有充分时间进行浇筑和振捣。

（2）混凝土运输方法：混凝土运输分为地面运输、垂直运输和楼地面运输三种情况。

混凝土地面运输。如运输预拌混凝土，多采用自卸汽车或混凝土搅拌运输车。如混凝土来自现场搅拌站，多采用小型机动翻斗车、双轮手推车等。

混凝土垂直运输多采用塔式起重机、混凝土泵、快速提升斗和井架等。

4. 混凝土的浇筑

（1）一般规定。

（2）施工缝：施工缝宜留置在结构受剪力较小且便于施工的部位。

（3）大体积混凝土结构浇筑：凡属建筑工程大体积混凝土，一般都要求连续浇筑，不留施工缝。应优先选用水化热低的水泥，在满足设计强度要求的前提下，尽可能减少水泥用量，掺适量的粉煤灰，降低浇筑速度和减小浇筑层厚度，浇筑后宜进行测温。

大体积混凝土结构的浇筑方案，可分为全面分层、分段分层和斜面分层三种。

（4）混凝土的捣实。

5. 混凝土的养护

（1）标准养护：混凝土在温度为20℃±3℃，相对湿度为90%以上的潮湿环境或水中的条件下进行的养护。

（2）加热养护：为了加速混凝土的硬化过程，对混凝土拌和物进行加热处理，使其在较高的温度和湿度环境下迅速凝结、硬化的养护。常用的热养护方法是蒸汽养护。

（3）自然养护：混凝土的自然养护应符合下列规定。

1）应在浇筑完毕后的12h以内对混凝土加以覆盖并保湿养护。当日平均气温低于5～C时，不得浇水。

2）混凝土浇水养护的时间：对采用硅酸盐水泥、普通硅酸盐水泥或矿渣硅酸盐水泥拌制的混凝土，不得少于7d；对掺用缓凝型外加剂或有抗渗要求的混凝土，不得少于14d；当采用其他品种水泥时，混凝土的养护时间应根据所采用水泥的技术性能确定。

3）浇水次数应能保持混凝土处于湿润状态，混凝土养护用水应与拌制用水相同。

4）采用塑料布覆盖养护的混凝土，其敞露的全部表面应覆盖严密，并应保持塑料布内有凝结水。

五、预应力混凝土工程施工

1. 预应力钢筋的种类

① 冷拔低碳钢丝。②冷拉钢筋。③高强度钢丝。④钢绞线。⑤热处理钢筋。

2. 预应力的施加方法

（1）先张法：

1）台座：采用台座法生产预应力混凝土构件时，台座承受全部预应力筋的拉力，故台座应有足够的强度、刚度和稳定性。形式有墩式台座、槽式台座。

2）夹具：夹具是预应力筋进行张拉和临时固定的工具，可以重复使用，分为张拉夹具和锚固夹具。

3）张拉机械：穿心式千斤顶（穿心式千斤顶的构造特点是沿千斤顶轴线有孔，供穿预应力筋用）、卷扬机、电动螺杆张拉机。

4）先张法施工工艺：

① 预应力筋的张拉：钢筋或钢丝张拉时，要根据设计规定的控制张拉力进行。

② 混凝土的浇筑和养护：预应力混凝土的浇筑必须一次完成，不允许留设施工缝。混凝土的强度等级不得小于C30。混凝土可采用自然养护或湿热养护。但必须注意，当预应力混凝土构件在槽形台座上进行湿热养护时，应采取二次升温养护制度养护混凝土。

③ 预应力筋的放张：为保证钢筋与混凝土粘接，应在混凝土强度达到75%的设计强度等级后方可放松预应力筋。预应力筋应采用砂轮锯或切断机切断，不得采用电弧切割。

（2）后张法：

1）锚具：锚具是预应力筋进行张拉和永久固定的工具，留在构件里。

2）张拉机械：①拉杆式千斤顶。②穿心式千斤顶。③锥锚式双作用千斤顶。

3）后张法施工工艺：

① 孔道的留设：a. 钢管抽芯法。b. 胶管抽芯法。c. 预埋波纹管法。

② 预应力筋张拉。

③ 孔道灌浆：预应力筋张拉后，应随即进行孔道灌浆，以防预应力筋锈蚀，同时增加结构的抗裂性和耐久性。灌浆必须连续进行，一次灌完。

六、结构吊装工程施工

混凝土结构吊装分为构件吊装和结构吊装两大类。

（一）预制构件吊装工艺

（1）预制构件的制作和运输：在许可的条件下，预制时尽可能采用叠浇法，重叠层数由地基承载能力和施工条件确定，一般不超过4层，上、下层间应做好隔离层，上层构件的浇筑应等到下层构件混凝土达到设计强度的30%以后才可进行。对构件运输时的混凝土强度要求是：如设计无规定时，不应低于设计的混凝土强度标准值的75%。

（2）构件的平面布置。

（二）单层工业厂房结构吊装

（1）起重机械选择与布置：

1）起重机械选择：可选择的机械有履带式起重机、轮式起重机或塔式起重机等。

2）起重机的平面布置：单侧布置、双侧布置、跨内单行布置和跨内环形布置。

（2）结构吊装方法：①分件吊装法。②综合吊装法。

七、装饰工程施工

（一）一般抹灰

1. 一般抹灰的构造层次

2. 施工要点

（二）水泥砂浆地面

1. 施工准备

（1）材料：

1）水泥：优先采用硅酸盐水泥、普通硅酸盐水泥，严禁不同品种不同标号的水泥混用。

2）砂：采用中砂、粗砂，含泥量不大于3%，过8mm孔径筛子；如采用细砂，砂浆强度偏低，易产生裂缝。

3）采用石屑代砂，粒径宜为3～6mm，含泥量不大于3%，可拌制成水泥石屑浆。

（2）地面垫层中各种预埋管线已完成，穿过楼面的方管已安装完毕，管洞已落实，有地漏的房间已找泛水。

（3）施工前应在四周墙身弹好+50cm的水平墨线。

（4）门框已立好。

（5）墙、顶抹灰已完，屋面防水已做。

2. 施工方法

① 基层处理。②弹线、找标高。③洒水。④抹灰饼和标筋（或称冲筋）。⑤搅拌砂浆。

⑥刷水泥砂浆结合层。⑦铺水泥砂浆。⑧养护。

（三）其他材料地面装饰

1. 石材地面装饰

2. 陶瓷地面砖铺贴

3. 木地板装饰

（四）瓷砖、面砖面层

1. 施工方法

①基层处理。②抹底灰。③弹线、排砖。④浸砖。⑤铺贴。

2. 施工要点

墙面砖铺贴前应进行挑选，并应浸水 2h 以上，晾干表面水分。

（五）油漆

（六）玻璃幕墙

1. 玻璃幕墙结构形式

2. 施工方法

（1）安装紧固连接件。根据土建预埋件上已弹好线的位置，用连接件将骨架与主体结构相连。

（2）固定竖向主龙骨。幕墙竖向杆件即竖框的固定，也就是用型钢连接件与主体结构相连。

（3）固定横向次龙骨。对于铝合金型材骨架，其横档与竖框的连接一般是通过拉铆钉与连接件进行固定。

（4）安装玻璃。其安装操作应注意下述几点：

1）玻璃与硬质金属之间应避免硬接触，而须用弹性材料使之过渡（减震）。这个弹性材料就是封缝材料。

2）在下框，不能直接将玻璃坐落在金属框上，需在金属框内垫上氯丁橡胶一类的弹性材料，在玻璃冷缩热胀变形时起缓冲作用。

八、防水工程施工

（一）屋面防水工程施工

1. 卷材防水屋面施工

（1）铺贴方法：卷材防水层面铺贴方法的选择应根据屋面基层的结构类型、干湿程度等实际情况来确定。卷材防水层一般用满粘法、点粘法、条粘法和空铺法等进行铺贴。

（2）铺贴方向：当屋面坡度小于 3%时，宜平行于屋脊铺贴；当屋面坡度在 3%～15%时，卷材可平行或垂直于屋脊铺贴，应优先采用平行；当屋面坡度大于 15%或受震动时，油毡应垂直于屋脊方向铺贴；当屋面坡度大于 25%时，一般不宜使用卷材做防水层。当采用多叠层卷材组成防水层时，上下层卷材不允许相互垂直铺贴。

（3）搭接方法与铺贴顺序：当卷材平行于屋脊铺贴时，应按从排水口、檐口、天沟等屋面最低标高处向上铺贴至屋脊最高标高处的铺贴顺序进行施工。

2. 涂膜防水屋面施工

3. 刚性防水屋面施工

（二）地下防水工程施工

1. 防水混凝土

防水混凝土结构具在取材容易、施工简便、工期短、造价低、耐久性好等优点，因此，在地下工程防水中广泛应用。

2. 表面防水层防水

表面防水层防水有刚性、柔性两种。

（1）水泥砂浆防水层。

（2）卷材防水层。

3. 止水带防水

止水带构造形式有：粘贴式、可卸式和埋入式等。目前较多采用的是埋入式。根据防水设计的要求，有时在同一变形缝处，可采用数层、数种止水带的构造形式。

（三）楼层、厕浴间、厨房间防水

住宅和公共建筑中穿过楼地面或墙体的上下管道，供热、燃气管道一般都集中明敷在厕浴间和厨房间，其防水方法应用柔性涂膜防水层和刚性防水砂浆防水层，或两者复合的防水层防水。

习题精选

一、单项选择题

1. 基坑（槽）开挖，一般开挖深度超过（　　）m 的称为深基坑（槽）。

A. 2　　B. 3　　C. 4　　D. 5

2. 实心桩用间隔重叠的方法预制。重叠层数不超过（　　）层。

A. 2　　B. 3　　C. 4　　D. 8

3. 不需要外动力的打桩机是（　　）。

A. 落锤式　　B. 单动气锤式　　C. 双动气锤式　　D. 柴油式

4. 砌筑砌体基础时应注意（　　）。

A. 必须在直墙段每隔 3m 立好基础皮数杆

B. 大放脚部分一般采用两顺一丁砌筑形式

C. 宽度超过 400mm 的洞口，应砌筑平拱或设置过梁 300mm

D. 内外墙的砖基础应同时砌起

5. 同样条件下的灌注桩承载力最大的是（　　）。

A. 螺旋钻孔灌注桩　　B. 冲击振动灌注桩

C. 单振振动灌注桩　　D. 复振振动灌注桩

6. 当场地起伏高差较大、土方运输距离超过 1000m，且工程量大而集中时，可采用（　　）。

A. 铲运机直接挖土、运土

B. 铲运机直接挖土、运土，并在卸土区配备推土机平整土堆

C. 采用两台或三台推土机并列推土

D. 挖土机挖土，配合自卸汽车运土，并在卸土区配备推土机平整土堆

7. 钢筋混凝土预制桩应在混凝土达到设计强度的(　　)%后方可起吊。

A. 30　　B. 50　　C. 75　　D. 80

8. 混凝土模板的拆模顺序是(　　)。

A. 先拆承重模，后拆非承重模　　B. 先拆非承重模，后拆承重模

C. 先拆底模，后拆侧模　　D. 后支后拆，先支先拆

9. (　　)是预应力筋进行张拉和临时固定的工具，可以重复使用。

A. 穿心式千斤顶　　B. 锚具　　C. 夹具　　D. 台座

10. 钢筋进场验收内容不包括(　　)。

A. 查对标牌　　B. 外观质量检查

C. 力学性能　　D. 化学成分检查

11. 箍筋弯后平直部分长度：对一般结构，不宜小于箍筋直径的(　　)倍；对有抗震要求的结构，不应小于箍筋直径的(　　)倍。

A. 5，8　　B. 10，15　　C. 3，9　　D. 5，10

12. 框架结构模板的拆除顺序是(　　)。

A. 柱、楼板、梁侧模、梁底模　　B. 楼板、柱、梁侧模、梁底模

C. 柱、楼板、梁底模、梁侧模　　D. 楼板、梁侧模、柱、梁底模

13. 钢筋的接头宜设置在受力较小处。同一纵向受力钢筋不宜设置(　　)个以上接头。

A. 1　　B. 2　　C. 3　　D. 4

14. 混凝土在温度为20℃±3℃，相对湿度为90%以上的潮湿环境或水中的条件下进行的养护称为(　　)。

A. 标准养护　　B. 自然养护　　C. 真空养护　　D. 热养护

15. 混凝土用混凝土泵运输，混凝土在管道中的流动能力称为混凝土的(　　)。

A. 塌落系数　　B. 流动性　　C. 可泵性　　D. 混凝土排量

16. (　　)是将Ⅱ—Ⅲ级热轧钢筋在常温下通过张拉再经时效处理而成，可直接用作预应力钢筋。

A. 冷拔低碳钢丝　　B. 冷拉钢筋　　C. 碳素钢丝　　D. 热处理钢筋

17. 吊装长14m柱子一般可采用(　　)起吊。

A. 一点绑扎　　B. 二点绑扎　　C. 旋转法　　D. 多点绑扎

18. 水泥砂浆地面养护一般不少于(　　)d。

A. 3　　B. 5　　C. 7　　D. 14

19. 有少量漏水点，不得有线流和流泥砂，每昼夜漏水量小于0.5L/m^2属于地下防水工程防水等级的(　　)。

A. 一级　　B. 二级　　C. 三级　　D. 四级

20. 地下室地坪标高−5.0 m，地下水位标高−4.0 m，则地下室设计应采取(　　)措施。

A. 防潮　　B. 防水　　C. 防冻　　D. 防漏

二、多项选择题

1. 单斗挖土机施工特点有（　　）。

A. 正铲挖土机能开挖停机面以上的Ⅰ～Ⅳ级土

B. 拉铲挖土机“后退向下，自重切土”

C. 抓铲挖土机适宜开挖大型基坑及水下挖土拉铲适宜开挖大型基坑及水下挖土

D. 反铲挖土机“后退向下，强制切土”

E. 反铲挖土机能开挖停机面以下的Ⅰ～Ⅳ级土，适宜开挖深度 4m 以内的基坑，对地下水位较高处也适用

2. 填方压实的施工要求有（　　）。

A. 填方宜采用同类土填筑

B. 填方应按设计要求预留沉降量

C. 基坑（槽）回填前，应清槽

D. 检查基础的结构混凝土达到一定的强度后方可回填

E. 如采用不同透水性的土分层填筑时，上层宜填筑透水性较大

3. 下列说法正确的有（　　）。

A. 在软土和新填土中不宜采用爆扩灌注桩

B. 爆扩灌注桩成孔简便，节省劳力，成本低，桩的承载力大

C. 当桩基设计标高不同时，打桩顺序是先浅后深

D. 当桩规格不同时，打桩顺序是先细后粗，先短后长

E. 打桩机具主要包括桩锤、桩架和动力装置三部分

4. 要防止大体积混凝土结构浇筑后产生裂缝，常采取的措施有（　　）。

A. 优先选用水化热低的水泥　　B. 尽可能多用水泥

C. 降低浇筑速度和减小浇筑层厚度　　D. 进行人工降温措施

E、不可留施工缝且分层分段浇筑

5. 混凝土浇水养护的时间（　　）。

A. 采用硅酸盐水泥不得少于 14d　　B. 采用矿渣硅酸盐水泥不得少于 7d

C. 采用普通硅酸盐水泥不得少于 7d　　D. 对掺用缓凝型外加剂不得少于 7d

E. 对有抗渗要求的混凝土，不得少于 14d

6. 要防止大体积混凝土结构浇筑后产生裂缝，降低混凝土的温度应力，减少浇筑后混凝土的内外温差的措施有（　　）。

A. 优先选用水化热低的水泥　　B. 掺适量的粉煤灰

C. 减少水泥用量　　D. 提高浇筑速度

E. 人工降温措施

7. 关于混凝土搅拌机的说法，正确的有（　　）。

A. 自落式混凝土搅拌机适用于搅拌塑性混凝土

B. 自落式混凝土搅拌机适用于搅拌轻骨料混凝土

C. 强制式搅拌机宜搅拌干轻骨料混凝土

D. 强制式搅拌机宜搅拌干硬性混凝土

E. 强制式搅拌机的搅拌作用比自落式搅拌机强烈

8. 滑升模板施工混凝土的浇筑应(　　)。
A. 混凝土配合比细骨料比例稍大，粗骨料的粒径应小一些
B. 混凝土的合适出模强度，一般控制在 0.05～0.25MPa
C. 混凝土应分段分层整圈浇筑
D. 初浇高度为 500mm，分 2～3 层浇筑
E. 随浇随升，每 200mm 为一个施工层，分层灌筑
9. 卷材防水屋面施工铺贴方法一般用(　　)来进行铺贴。
A. 满粘法
B. 条粘法
C. 空铺法
D. 分割法
E. 均布法
10. 土钉支护适用于(　　)。
A. 水位低的地区
B. 水位高的地区
C. 土层为黏土、砂土和粉土
D. 基坑深度一般在 15m 左右
E. 基坑深度一般在 25m 左右

参考答案

一、单项选择题

1.D　2.C　3.D　4.D　5.D　6.D　7.C　8.B　9.C　10.D
11.D　12.A　13.B　14.A　15.C　16.B　17.B　18.C　19.C　20.B

二、多项选择题

1.ABD　2.ABCD　3.ABE　4.ACD　5.BCE
6.ABCE　7.ACDE　8.ABCE　9.ABC　10.ACD

第四节　土建工程常用施工机械的类型及应用

考纲要求

1. 熟悉土石方工程施工机械工业与民用建筑工程的分类。
2. 掌握混凝土搅拌和运输机械。
3 了解起重和夯实机械。

考点汇总

一、土石方工程施工机械

1. 推土机
推土机有履带式和轮胎式。推土机的经济运距在 100m 以内，以 30～60m 为最佳运

距。推土机的特点是操作灵活、运输方便，所需工作面较小，行驶速度较快，易于转移。

2. 铲运机

铲运机的开行路线如下：

（1）环形路线：施工地段较短、地形起伏不大的挖、填工程，适宜采用环形路线。当挖土和填土交替，而挖填之间距离又较短时，则可采用大环形路线。大环形路线的优点是一个循环能完成多次铲土和卸土，从而减少了铲运机的转弯次数，提高了工作效率。

（2）8字形路线：对于挖、填相邻、地形起伏较大，且工作地段较长的情况，可采用8字路线。其特点是铲运机行驶一个循环能完成两次作业，而每次铲土只需转弯一次，比环形路线可缩短运行时间，提高生产效率。同时，一个循环中两次转弯方向不同，机械磨损较均匀。

3. 挖掘机

当场地起伏高差较大、土方运输距离超过1000m，且工程量大而集中时，可采用挖土机挖土，配合自卸汽车运土，并在卸土区配备推土机平整土堆。

（1）正铲挖土机：其挖掘力大，生产率高，能开挖停机面以上的Ⅰ～Ⅳ级土，开挖大型基坑时需设下坡道，适宜在土质较好、无地下水的地区工作。

（2）反铲挖土机：其挖掘力比正铲小，能开挖停机面以下的Ⅰ～Ⅲ级的砂土或黏土，适宜开挖深度4m以内的基坑，对地下水位较高处也适用。

（3）拉铲挖土机：其挖掘半径和挖土深度较大，能开挖停机面以下的Ⅰ～Ⅱ级土，适宜开挖大型基坑及水下挖土。

（4）抓铲挖土机：其挖掘力较小，只能开挖Ⅰ～Ⅱ级土，可以挖掘独立基坑、沉井，特别适于水下挖土。

二、起重机械

1. 索具设备

索具设备主要应用于吊装工程中的构件绑扎、吊运。索具设备包括钢丝绳、吊索、卡环、横吊梁、卷扬机、锚碇等。

2. 起重机械

（1）履带式起重机：履带式起重机在装配式钢筋混凝土单层工业厂房结构吊装中得到广泛的使用。其缺点是稳定性较差。

（2）汽车起重机：汽车起重机是一种将起重作业部分安装在通用或专用汽车底盘上，具有载重汽车行驶性能的轮式起重机。汽车起重机机动灵活性好，能够迅速转移场地，广泛用于土木工程。但汽车起重机不能负荷行驶。

（3）轮胎起重机：轮胎起重机不采用汽车底盘，而另行设计轴距较小的专门底盘。轮胎起重机的优点是行驶速度较高，能迅速地转移工作地点或工地，对路面破坏小。但这种起重机不适合在松软或泥泞的地面上工作。

（4）塔式起重机：塔式起重机在多层及高层结构吊装和垂直运输中得到广泛应用。常用的塔式起重机有轨道式、爬升式、附着式。

三、夯实机械

四、混凝土搅拌机械

1. 自落式搅拌机

可带动物料上升到一定高度后，再利用自重下落，不断循环从而完成搅拌工作。其工作特点是正转搅拌、反转出料，结构较简单。

2. 强制式搅拌机

在很短的时间内，使物料拌合均匀，适用于搅拌干硬混凝土和轻骨料混凝土。

五、混凝土运输机械

1. 混凝土地面运输

如运输预拌混凝土，多采用自卸汽车或混凝土搅拌运输车。如混凝土来自现场搅拌站，多采用小型机动翻斗车、双轮手推车等。

2. 混凝土垂直运输

多采用塔式起重机、混凝土泵、快速提升斗和井架等。

习题精选

单项选择题

1. 关于推土机作业方法的说法，正确的是(　　)。

A. 回填土和填沟渠时，铲刀不得超出土坡边沿

B. 上下坡坡度不得超过 40°

C. 横坡不得超过 15°

D. 几台推土机同时作业，前后距离应大于 10m

2. 下列机械中，最适宜于开挖含水量不超过 27%的松土和普通土的施工机械是(　　)。

A. 推土机　　B. 挖掘机　　C. 平地机　　D. 铲运机

参考答案

单项选择题

1. A　　2. D

第五节　施工组织设计的编制原理、内容及方法

考纲要求

1. 熟悉工程施工组织设计概念、作用、分类、内容、编制原则、程序。

2. 掌握施工部署、施工总进度计划、施工总平面图设计的原则和步骤。

3. 熟悉施工组织设计技术经济分析的步骤和方法，了解施工组织设计技术经济分析主要指标的内容。

4. 掌握单位工程施工组织设计的编制内容和方法。

考点汇总

一、施工组织设计编制程序

1. 标前设计的编制程序

熟悉招标文件一进行调查研究一编制施工方案并选用主要施工机械→编制施工进度计划→确定开、竣工日期和总工期→绘制施工平面图→确定标价及钢材、水泥等主要材料用量→建立保证质量和工期的技术组织措施→提出合同谈判方案，包括谈判组织、目标、准备和策略等。

2. 标后设计的编制程序

调查研究，获得编制依据→确定施工部署→拟定施工方案→编制施工进度计划→编制施工准备工作计划及运输计划→编制水、热、电供应计划→编制施工准备工作计划→设计施工平面图→计算技术经济指标。

二、施工组织设计总设计编制内容和方法

（一）施工组织总设计的主要内容

其主要内容包括：工程概况和特点分析；施工部署和主要工程项目施工方案；施工总进度计划；施工准备工作及各项资源需要量计划；施工总平面图；主要技术组织措施；主要技术经济指标等。

（二）施工部署

（1）确定工程开展程序。

（2）拟定主要项目的施工方案。

（3）明确施工任务划分与组织安排。

（4）编制施工准备工作计划。

（三）施工总进度计划

（1）列出工程项目一览表并计算工程量。

（2）确定各单位工程的施工期限。

（3）确定各单位工程的开竣工时间和相互搭接关系。

（4）安排施工进度。

（四）资源需要量计划

（五）施工总平面图设计

1. 施工总平面图设计的内容

（1）整个建设项目的施工总平面图，包括所有地上、地下已有的和拟建的建筑物、构筑物以及其他设施的位置和尺寸。

（2）一切为全施工工地服务的临时设施的布置位置，包括：①施工用地范围，施工用的

各种道路。②加工厂、制备站及有关机械的位置。③永久性及半永久性坐标位置。

2. 施工总平面图设计的原则

（1）尽量减少施工用地，少占农田，使平面布置紧凑合理。

（2）合理组织运输，减少运输费用，保证运输方便通畅。

（3）施工区域的划分和场地的确定，应符合施工流程要求，尽量减少专业工种和各工程之间干扰。

（4）充分利用各种永久性建筑物、构筑物和原有设施为施工服务，降低临时设施的费用。

（5）各种生产生活设施应便于工人的生产和生活。

（6）满足安全防火和劳动保护的要求。

3. 施工总平面图的设计步骤

（1）场外交通的引入。

（2）仓库与材料堆场的布置。

（3）加工厂布置。

（4）布置内部运输道路。

（5）行政与生活临时设施布置。

（6）临时水电管网及其他动力设施的布置。

三、单位工程施工组织设计编制内容和方法

1. 单位工程施工组织设计的编制依据

2. 单位工程施工组织设计的内容

单位工程施工组织设计的内容，根据工程性质、规模、结构特点、技术复杂程度和施工条件的不同包括以下几项：工程概况、施工方案、施工进度计划、资源需要量计划、施工平面设计、技术组织措施及主要技术经济指标等。

四、施工组织设计技术经济分析

（一）施工组织设计技术经济分析的步骤

（二）施工组织设计技术经济分析方法

① 定性分析方法。②定量分析方法。

（三）施工组织总设计技术经济分析

主要应计算以下指标：①施工周期。②劳动生产率。③单位工程质量优良率。④降低成本。⑤安全指标。⑥机械指标。⑦预制加工程度。⑧临时工程。⑨节约三大材百分比。

（四）单位工程施工组织设计技术经济分析

① 总工期指标。②单方用工。③质量优良品率。④主要材料节约指标。⑤大型机械耗用台班数及费用。

五、网络计划知识

1. 双代号网络计划时间参数计算

（1）按工作计算法，如图 1.5.1 所示。

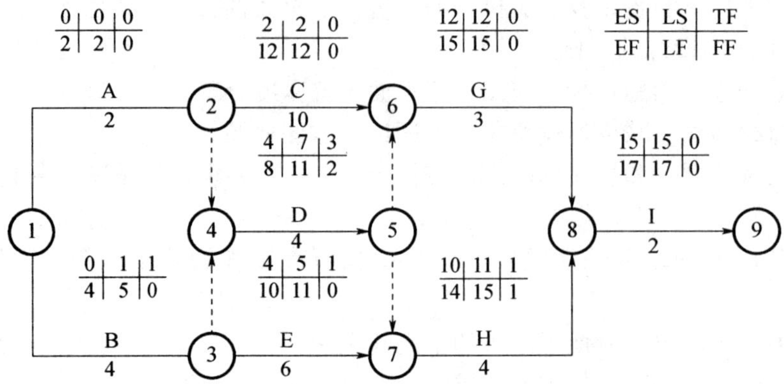

图 1.5.1　双代号网络计划步骤 1

（2）标号法确定关键工作和关键线路，如图 1.5.2 所示。

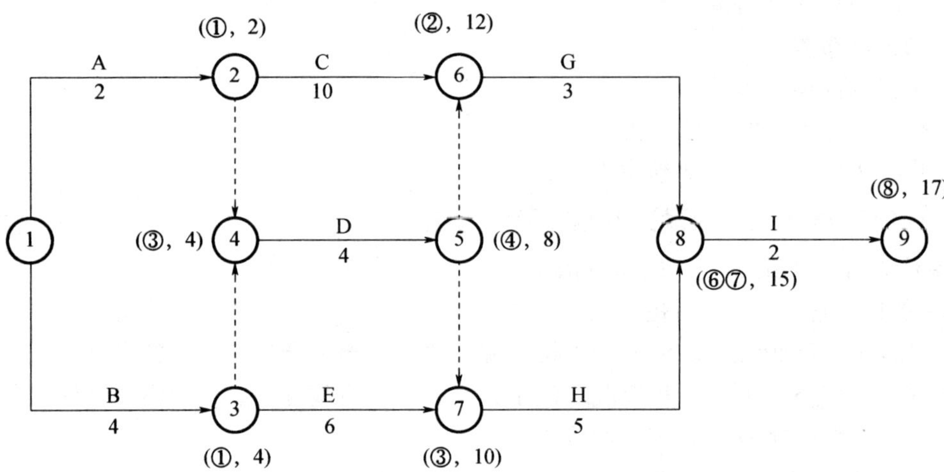

图 1.5.2　双代号网络计划步骤 2

（3）平行线路法——利用封闭线路找关键线路，计算平行工作总时差，如图 1.5.3 所示。

记住三个“一定”：①封闭圆圈两条线路的交叉节点一定是关键节点。②找与之平行的线路一定是关键线路。③封闭圆圈一定是最小封闭圆圈。

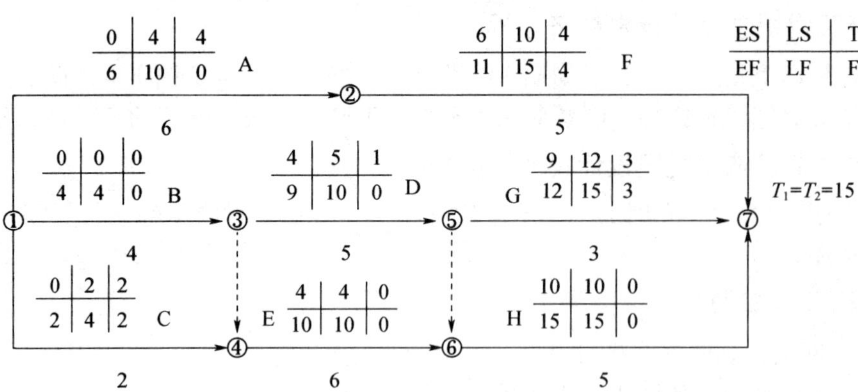

图 1.5.3　双代号网络计划步骤 3

2. 双代号时标网络计划（经常与前锋线一起考察，如图 1.5.4 所示）

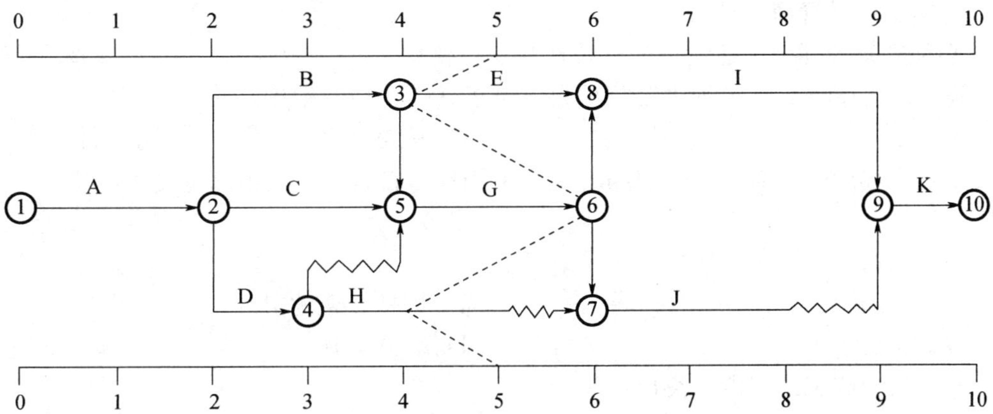

图 1.5.4　双代号网络计划步骤 4

进度对比反映的信息如下：

（1）工作实际达到的位置在检查日期线的左侧，表示该工作实际进度拖后，拖后的时间为二者之差。

（2）工作实际达到的位置与检查日期线重合，表明该工作实际进度与计划进度一致。

（3）工作实际达到的位置在检查日期线的右侧，表示该工作实际进度超前，超前的时间为二者之差。

3. 网络计划的优化

网络计划的优化包括工期优化、费用优化、资源优化，重点是工期优化。工期优化一般通过压缩关键工作的持续时间来满足工期要求，但应注意：

（1）不能改变网络图中各项工作之间的逻辑关系。

（2）被压缩的关键工作在压缩完成后仍应为关键工作。

（3）若优化过程中出现多条关键线路时，为使工期缩短，应将各关键线路持续时间压缩同一数值。

优化步骤如下：

（1）按标号法确定关键工作和关键线路，并求出计算工期。

（2）按要求工期计算应缩短的时间 ΔT。

（3）选择应优先缩短持续时间的关键工作，主要考虑所需增加的赶工费最少的工作。

（4）将优先缩短的关键工作（或几个关键工作的组合）压缩到最短持续时间，然后找出关键线路，若被压缩的工作变成非关键工作，应将持续时间延长以保持其仍为关键工作。

（5）如果计算工期仍超过要求工期，重复上述①～④，直到满足工期要求或工期不能再缩短为止。

习题精选

一、单项选择题

1. 关于工程施工组织设计的编制原则的说法，正确的是(　　)。

A. 尽量不利用正式工程，以免污染、损坏

B. 一次完成所有的施工准备工作，以便于施工

C. 与施工项目管理相结合

D. 必须安排分期分批建设，配套投产或交付使用

2. 施工总进度计划要求列出工程项目一览表并(　　)工程量。

A. 准确计算　　B. 估算　　C. 粗略计算　　D. 分类计算

3. 布置内部运输道路，厂内道路干线应采用环形布置，主要道路宽度不小于(　　)m。

A. 3.5　　B. 4　　C. 5　　D. 6

4. 场外交通的引入，一般先布置(　　)。

A. 场内仓库　　B. 场外交通的引入

C. 铁路运输　　D. 公路运输

5. 分部工程施工组织设计突出(　　)。

A. 基础性　　B. 技术性　　C. 指导性　　D. 作业性

6. 关于加工厂布置的说法，不正确的是(　　)。

A. 对于工业建筑工地，砂浆搅拌站可以分散设置在使用地点附近

B. 金属结构、锻工、电焊和机修等车间应尽可能布置在一起

C. 锯木、成材、细木加工和成品堆放，应按工艺流程布置

D. 混凝土搅拌站采用集中搅拌最有利

7. 选择施工机械时，首先应该选择(　　)的机械。

A. 租赁　　B. 大型　　C. 主导工程　　D. 进口

8. 施工组织设计技术经济分析的步骤中，决策是根据(　　)提出的。

A. 施工方案分析　　B. 施工平面图分析

C. 施工进度计划分析　　D. 综合技术经济分析

二、多项选择题

1. 根据工程施工组织设计阶段的不同，工程施工组织设计可以划分为(　　)。

A. 标前设计　　B. 施工组织总设计

C. 标后设计　　D. 分部工程施工组织设计

E. 单位工程施工组织设计

2. 单项（或单位）工程施工组织设计的编制依据有(　　)。

A. 上级领导机关对该单位工程的要求

B. 建设单位的意图和要求

C. 年度施工计划对该工程的安排和规定的各项指标

D. 施工平面图

E. 设备安装进场时间

3. “标前设计”的作用有(　　)。

A. 编制投标书提供依据的　　B. 指导施工的

C. 进行签约谈判提供依据的　　D. 编制平面图提供依据的

E. 编制施工方案提供依据的

4. 应优先安排的工程项目有(　　)。

A. 工程量大、施工难度大、工期长的项目

B. 运输系统、动力系统

C. 供施工使用的工程项目

D. 施工难度不大、周期较短的辅助项目

E. 平衡项目

5. 所有工程项目均应按照(　　)的原则进行安排。

A. 先地上、后地下　　B. 先铺设管线，后修筑道路

C. 先深后浅　　D. 先干线后支线

E. 先支线后干线

6. 工程施工组织设计的编制依据有(　　)。

A. 招标文件和工程量清单

B. 施工现场踏勘情况

C. 进行社会、市场和技术经济调查的资料

D. 可行性研究报告

E. 企业的技术水平

7. 施工部署一般应包括(　　)等内容。

A. 拟定主要工程项目的施工方案　　B. 确定工程开展程序

C. 明确施工任务划分与组织安排　　D. 编制施工准备工作计划

E. 造价控制程序

8. 施工组织总设计一般由(　　)负责编制。

A. 建设总承包单位　　B. 工程建设指挥部

C. 建设主管部门　　D. 各承包单位

E. 设计单位

9. 施工组织设计技术经济分析的指标有(　　)。

A. 劳动生产率指标　　B. 三大材料节约指标

C. 安全指标　　D. 工期指标

E. 全员劳动生产率

三、实务题

1. 已知网络计划如图 1.5.5 所示。

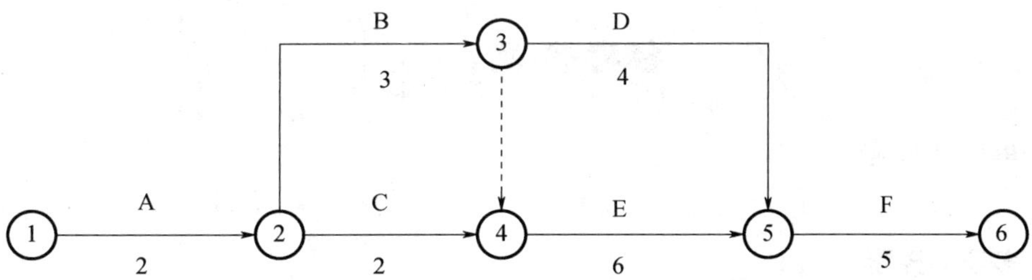

图 1.5.5　某工程网络计划

试计算网络图，求总工期和关键工作。

2. 某工程合同工期 21d，承包公司项目经理部技术人员拟定的初始网络进度计划如图 1.5.6 所示。在公司协调会上，设备供应部门提出，工作 F、J 使用的同种机械只能租赁到 1

台，因此，该两项工作只能按先后顺序施工。

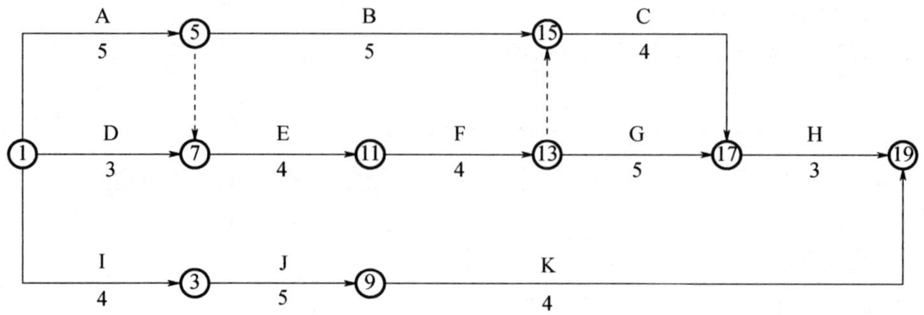

图 1.5.6　施工网络进度计划

问题：（1）从工期控制的角度出发，工作 F、J 哪一项先施工较合理？说明理由并对进度计划进行调整，将调整结果绘制成新网络图。调整后的关键工作有哪些？工期为多少天？

（2）经上述调整后的合理计划被批准为正式进度计划。但在开工后，由于工作 I 的时间延误，使工作 J 的开始作业时间推迟 3d。工作 J 的推迟开工或停工 1d 费用损失为 500 元，总工期每拖延一天罚款 700 元。受上述事件的影响，该工程的总工期将为多少天？综合费用增加多少元？

（3）在发生问题 2 所述情况后，若通过压缩关键工作的持续时间来调整进度计划，从经济的角度考虑，应压缩哪些工作的持续时间？每项工作分别压缩多少天？总工期为多少天？相应增加的综合费用为多少元？各项工作可压缩时间及压缩每 1d 需增加的费用如表 1.5.1 所示。

表 1.5.1　网络调整相关数据

工作名称	可压缩时间（d）	每压缩 1d 增加费用（元/d）
K	2	350
G	2	400
H	1	750
C	2	200

（4）除问题 3 的方法外，是否还有其他调整方案？如果有相应增加的综合费用为多少元？

参考答案

一、单项选择题

1. C　　2. C　　3. D　　4. A　　5. D　　6. D　　7. C　　8. D

二、多项选择题

1. AC　　2. ABCE　　3. AC　　4. ABC　　5. BCD
6. ABCD　　7. ABCD　　8. AB　　9. ABCD

三、实务题

1. 计算网络图，总工期 16d，关键工作为 A、B、E、F。

2. 问题 1：

从工期控制的角度，先施工工作 J，后施工工作 F 较合理。或：J 工作的最早开始时间为第 5d，最早结束时间为第 9d；F 工作的最早开始时间为第 10d，最早结束时间为第 13d。所以先施工 J。因为其施工工期（21d）短于先施工工作 F，后施工工作 J 工期（22d）。

调整后的网络计划如图 1.5.7 所示。

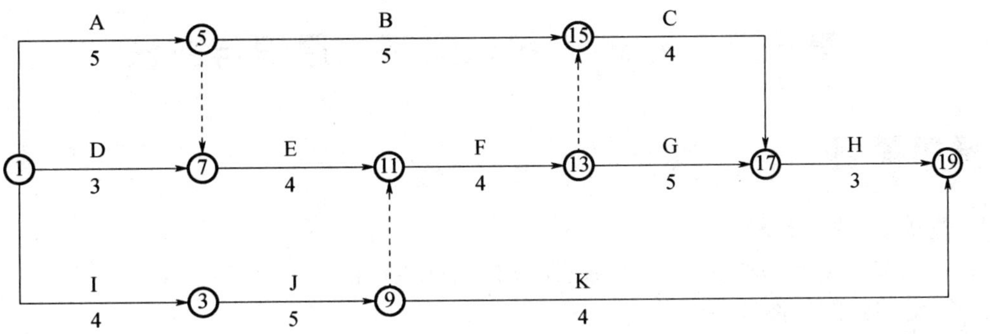

图 1.5.7　施工网络进度计划

关键工作有：A、E、I、J、F、G、H，工期 21d。

问题 2：

①工期将为 24d。

② 综合费用增加：

推迟开工费用损失：3×500＝1500(元)。

总工期拖延罚款：3×700＝2100(元)。

合计：1500＋2100＝3600(元)。

问题 3：

① 对每压缩 1d 关键线路持续时间，增加费用不大于工期每拖延 1d 罚款的工作进行压缩，应压缩工作 G2d，工作 C1d。工期压缩至 22d。

② 综合费用增加：

工作 G、C 持续时间压缩增加费用：400×2＋200＝1000(元)。

总工期拖延罚款：1×700＝700(元)。

推迟开工费用损失：3×500＝1500(元)。

合计：1000＋700＋1500＝3200(元)。

问题 4：

① 如果改变工作 J 和工作 F 的施工顺序，将工作 J 调整到工作 F 完成之后进行，并将工作 K 的持续时间缩短 1d，工期仍为 21d。

② 综合费用增加：

工作 J 推迟开工增加费用：500×9＝4500(元)。

工作 K 压缩 1d 增加费用：350 元。

合计：4500＋350＝4850(元)。

第二章　工程计量

第一节　建筑工程识图基本原理与方法

考纲要求

1. 熟悉施工图的分类。
2. 掌握施工图的基本规定、建筑施工图的组成及识图要领。
3. 了解建筑图绘图原理。

考点汇总

一、施工图的分类与特点

1. 建筑工程图的分类
2. 施工图的种类
3. 识读建筑图的步骤

二、施工图的基本规定

1. 图纸幅面
2. 图线
3. 字体
4. 比例
5. 尺寸标注

尺寸标注符号由尺寸界线、尺寸线、尺寸起止符号和尺寸数字组成。

6. 轴线
7. 标高

相对标高通常也包括两类：一是表示建筑完成面的标高，称为建筑标高；二是表示结构面的标高，称为结构标高。

8. 详图索引符号
9. 引出线
10. 对称符号和连接符号
11. 指北针和风玫瑰图

三、建筑施工图的组成及识图要领

建筑施工图通常有总平面图、平面图、立面图、剖面图及详图。

(一) 总平面图

明确新建建筑物的具体位置，搞清楚新建建筑物与周围建筑物、道路、绿化设施等位置关系。通常是以坐标或以建筑红线、道路中心线、外边线等来进行描述。

(二) 平面图

识图要领：了解建筑的基本情况，找出其结构特点，如对称、局部相同或相似等。

根据其结构特点灵活确定读图的顺序。常用顺序：整体到局部的顺序；分块阅读的顺序；先内后外、从上到下，从左至右的顺序。

(三) 立面图

识图要领：立面图在阅读时一定要注意和平面图相结合，首先确定绘制的那个立面，然后根据其标注的轴线确定大概位置，最后两者相结合，仔细对照阅读。

(四) 剖面图

识图要领：根据图名，在平面图中找到对应的剖切符号，确定剖切平面的位置及投影方向；根据轴线，确定剖切面的具体位置，结合平面图，对照阅读。

(五) 详图

详图包括两种，一种是由设计人员自行绘制的详图或剖面节点详图，另一种是直接引用标准图或通用详图的节点详图及剖面节点详图。

墙身所涉及的内容比较多，一般有楼梯、墙身、阳台、门窗等详图。

读图重点：①图例。②文字注解。③细部尺寸标注。

四、施工图的审核及图纸会审

习题精选

单项选择题

1. 图幅就是(　　)的大小。

A. 图纸内所画建筑物的大小　　B. 图框的大小

C. 建筑物在图上具有的范围大小　　D. 图纸的大小

2. 当直线于倾斜投影面时，其投影与实长的关系是(　　)。

A. 小于　　B. 大于　　C. 等于　　D. 不确定

3. 建（构）筑物剖面图的剖切符号宜注写在(　　)平面图上。

A. 第一张　　B. 标准层

C. 不确定的　　D. ±0.000 标高的

4. 当直线在某一投影面上投影积聚为一点，另两投影同时平行于一条相应的投影轴且反映实长，则它与投影面的关系是(　　)。

A. 垂直　　B. 平行　　C. 斜交　　D. 不确定

5. 若空间某直线在 W 面上反映实长，且垂直于 V 面，则它是(　　)。

A. 侧平线　　B. 正平线　　C. 正垂线　　D. 侧垂面

6. 平行于一个投影面，垂直于另两个投影面，这样的面称为(　　)。

A. 平行面　　B. 垂直面　　C. 一般位置平面　　D. 不确定

7. 一个平面的投影积聚成一直线，与投影轴的夹角反映平面对另外两个投影面的倾角的实形；平面的另两个投影保留原几何形状但都小于实形，则这一平面(　　)于某一投影面。

A. 平行　　B. 垂直　　C. 斜交　　D. 不确定

8. 定位轴线应用(　　)线绘制。

A. 中实线　　B. 细点画线　　C. 细实线　　D. 细虚线

9. 在基础平面图中，用(　　)表示基础底面轮廓线。

A. 细实线　　B. 粗虚线　　C. 细虚线　　D. 粗实线

10. 建筑平面图上可表明建筑物朝向的是(　　)。

A. 图名　　B. 定位轴线　　C. 门的开户方向　　D. 风玫瑰

11. 表明建筑物外表面特征的图是(　　)。

A. 平面图　　B. 剖面图　　C. 立面图　　D. 详图

12. 多层住宅建筑剖面图的剖切位置选择，一般应经过(　　)。

A. 室内用户外门　　B. 厨房　　C. 起居室　　D. 楼梯间

13. 平面图上定位轴线的编号宜标注在图样的下方与左侧。横向编号的注写宜(　　)进行编写。

A. 从左至右　　B. 从上往下　　C. 自右向左　　D. 自下往上

14. 从(　　)可知总图与详图的关系。

A. 剖面线的符号　　B. 图名　　C. 索引符号　　D. 对称符号

15. 假想用一个平面把建筑物沿垂直于外墙的方向切开，切开后，剩余部分的正投影图就称为(　　)。

A. 平面图　　B. 构件断面图　　C. 详图　　D. 剖面图。

16. 能表明建筑物屋顶坡度的图是(　　)。

A. 剖面图　　B. 平面图　　C. 立面图　　D. 详图

17. 沿一定方向将建筑物剖切后，在绘制建筑物剖面图时，剖切到的部位可以不绘制的是(　　)。

A. 墙体　　B. 门窗　　C. 基础　　D. 屋顶

18. 用轴线编号表明楼梯间的位置，注明楼梯间的长、宽尺寸和墙的厚度，楼梯跑数，每跑的宽度及踏步数，踏步宽度、休息平台板的宽度和标高等的图是(　　)。

A. 楼梯剖面图　　B. 剖面图　　C. 楼梯平面图　　D. 立面图

19. 基础平面图属于(　　)图。

A. 结施　　B. 建施　　C. 设施　　D. 电施

20. 表示承重构件的布置、类型和数量或现浇钢筋混凝土板的钢筋配置情况的图称为(　　)。

A. 建筑施工图　　B. 设备施工图

C. 结构平面布置图　　D. 结构构件详图

21. 钢筋混凝土结构图中的立面图和断面图上的钢筋，简化为单线，用粗实线表示。剖切到的钢筋画成黑圆点，没有剖切到的，画成(　　)。

A. 粗实线　　B. 粗虚线　　C. 细实线　　D. 细虚线

22. 在基础平面图中，用(　　)表示剖切到的基础墙身线。

A. 粗实线　　B. 粗虚线　　C. 细虚线　　D. 细实线

23. 主要表达基础的断面形状、材料和构造、大小和埋深的图件是(　　)。

A. 基础详图　　B. 基础平面图　　C. 构件详图　　D. 基础模板图

参考答案

单项选择题

1. D　2. A　3. D　4. A　5. C　6. A　7. B　8. B　9. B　10. D
11. C　12. D　13. A　14. C　15. D　16. A　17. C　18. C　19. A　20. C
21. A　22. A　23. A

第二节　建筑面积计算规则及应用

考纲要求

1. 熟悉建筑面积计算规则中的使用的术语。
2. 熟悉建筑面积计算规则。
3. 掌握建筑面积计算方法。

考点汇总

计算建筑面积的范围与应用如下：

（1）建筑物的建筑面积应按自然层外墙结构外围水平面积之和计算。结构层高在 2.20m 及以上的，应计算全面积；结构层高在 2.20m 以下的，应计算 1/2 面积。

（2）建筑物内设有局部楼层时，对于局部楼层的二层及以上楼层，有围护结构的应按其围护结构外围水平面积计算，无围护结构的应按其结构底板水平面积计算，且结构层高在 2.20m 及以上的，应计算全面积，结构层高在 2.20m 以下的，应计算 1/2 面积。

（3）对于形成建筑空间的坡屋顶，结构净高在 2.10m 及以上的部位应计算全面积；结构净高在 1.20m 及以上至 2.10m 以下的部位应计算 1/2 面积；结构净高在 1.20m 以下的部位不应计算建筑面积。

（4）对于场馆看台下的建筑空间，结构净高在 2.10m 及以上的部位应计算全面积；结构净高在 1.20m 及以上至 2.10m 以下的部位应计算 1/2 面积；结构净高在 1.20m 以下的部位不应计算建筑面积。室内单独设置的有围护设施的悬挑看台，应按看台结构底板水平投影面积计算建筑面积。有顶盖无围护结构的场馆看台应按其顶盖水平投影面积的 1/2 计算面积。

（5）地下室、半地下室应按其结构外围水平面积计算。结构层高在 2.20m 及以上的，应计算全面积；结构层高在 2.20m 以下的，应计算 1/2 面积。

（6）出入口外墙外侧坡道有顶盖的部位，应按其外墙结构外围水平面积的 1/2 计算面积。

（7）建筑物架空层及坡地建筑物吊脚架空层，应按其顶板水平投影计算建筑面积。结构层高在 2.20m 及以上的，应计算全面积；结构层高在 2.20m 以下的，应计算 1/2 面积。

（8）建筑物的门厅、大厅应按一层计算建筑面积，门厅、大厅内设置的走廊应按走廊结构底板水平投影面积计算建筑面积。结构层高在 2.20m 及以上的，应计算全面积；结构层高在 2.20m 以下的，应计算 1/2 面积。

（9）对于建筑物间的架空走廊，有顶盖和围护设施的，应按其围护结构外围水平面积计算全面积；无围护结构、有围护设施的，应按其结构底板水平投影面积计算 1/2 面积。

（10）对于立体书库、立体仓库、立体车库，有围护结构的，应按其围护结构外围水平面积计算建筑面积；无围护结构、有围护设施的，应按其结构底板水平投影面积计算建筑面积。无结构层的应按一层计算，有结构层的应按其结构层面积分别计算。结构层高在 2.20m 及以上的，应计算全面积；结构层高在 2.20m 以下的，应计算 1/2 面积。

（11）有围护结构的舞台灯光控制室，应按其围护结构外围水平面积计算。结构层高在 2.20m 及以上的，应计算全面积；结构层高在 2.20m 以下的，应计算 1/2 面积。

（12）附属在建筑物外墙的落地橱窗，应按其围护结构外围水平面积计算。结构层高在 2.20m 及以上的，应计算全面积；结构层高在 2.20m 以下的，应计算 1/2 面积。

（13）窗台与室内楼地面高差在 0.45m 以下且结构净高在 2.10m 及以上的凸（飘）窗，应按其围护结构外围水平面积计算 1/2 面积。

（14）有围护设施的室外走廊（挑廊），应按其结构底板水平投影面积计算 1/2 面积；有围护设施（或柱）的檐廊，应按其围护设施（或柱）外围水平面积计算 1/2 面积。

（15）门斗应按其围护结构外围水平面积计算建筑面积，且结构层高在 2.20m 及以上的，应计算全面积；结构层高在 2.20m 以下的，应计算 1/2 面积。

（16）门廊应按其顶板的水平投影面积的 1/2 计算建筑面积；有柱雨篷应按其结构板水平投影面积的 1/2 计算建筑面积；无柱雨篷的结构外边线至外墙结构外边线的宽度在 2.10m 及以上的，应按雨篷结构板的水平投影面积的 1/2 计算建筑面积。

（17）设在建筑物顶部的、有围护结构的楼梯间、水箱间、电梯机房等，结构层高在 2.20m 及以上的应计算全面积；结构层高在 2.20m 以下的，应计算 1/2 面积。

（18）围护结构不垂直于水平面的楼层，应按其底板面的外墙外围水平面积计算。结构净高在 2.10m 及以上的部位，应计算全面积；结构净高在 1.20m 及以上至 2.10m 以下的部位，应计算 1/2 面积；结构净高在 1.20m 以下的部位，不应计算建筑面积。

（19）建筑物的室内楼梯、电梯井、提物井、管道井、通风排气竖井、烟道，应并入建筑物的自然层计算建筑面积。有顶盖的采光井应按一层计算面积，且结构净高在 2.10m 及以上的，应计算全面积；结构净高在 2.10m 以下的，应计算 1/2 面积。

（20）室外楼梯应并入所依附建筑物自然层，并应按其水平投影面积的 1/2 计算建筑面积。

(21) 在主体结构内的阳台，应按其结构外围水平面积计算全面积；在主体结构外的阳台，应按其结构底板水平投影面积计算 1/2 面积。

(22) 有顶盖无围护结构的车棚、货棚、站台、加油站、收费站等，应按其顶盖水平投影面积的 1/2 计算建筑面积。

(23) 以幕墙作为围护结构的建筑物，应按幕墙外边线计算建筑面积。

(24) 建筑物的外墙外保温层，应按其保温材料的水平截面积计算，并计入自然层建筑面积。

(25) 与室内相通的变形缝，应按其自然层合并在建筑物建筑面积内计算。对于高低联跨的建筑物，当高低跨内部连通时，其变形缝应计算在低跨面积内。

(26) 对于建筑物内的设备层、管道层、避难层等有结构层的楼层，结构层高在 2.20m 及以上的，应计算全面积；结构层高在 2.20m 以下的，应计算 1/2 面积。

(27) 下列项目不应计算建筑面积：

1) 与建筑物内不相连通的建筑部件。

2) 骑楼、过街楼底层的开放公共空间和建筑物通道。

3) 舞台及后台悬挂幕布和布景的天桥、挑台等。

4) 露台、露天游泳池、花架、屋顶的水箱及装饰性结构构件。

5) 建筑物内的操作平台、上料平台、安装箱和罐体的平台。

6) 勒脚、附墙柱、垛、台阶、墙面抹灰、装饰面、镶贴块料面层、装饰性幕墙，主体结构外的空调室外机搁板（箱）、构件、配件，挑出宽度在 2.10m 以下的无柱雨篷和顶盖高度达到或超过两个楼层的无柱雨篷。

7) 窗台与室内地面高差在 0.45m 以下且结构净高在 2.10m 以下的凸（飘）窗，窗台与室内地面高差在 0.45m 及以上的凸（飘）窗。

8) 室外爬梯、室外专用消防钢楼梯。

9) 无围护结构的观光电梯。

10) 建筑物以外的地下人防通道，独立的烟囱、烟道、地沟、油（水）罐、气柜、水塔、贮油（水）池、贮仓、栈桥等构筑物。

习题精选

一、单项选择题

1. 根据《建筑工程建筑面积计算规范》(GB/T 50353—2013) 的规定，建筑物屋顶无围护结构的水箱建筑面积计算应为(　　)。

A. 层高超过 2.2m 应计算全面积

B. 不计算建筑面积

C. 层高不足 2.2m 不计算建筑面积

D. 层高不足 2.2m 部分面积计算

2. 根据《建筑工程建筑面积计算规范》(GB/T 50353—2013) 的规定，下列走廊中，(　　)不是按其结构底板水平投影面积计算 1/2 面积。

A. 无围护结构，有栏杆，且结构层高 2.2m 的室外走廊

B. 无围护结构，无顶盖，有栏杆的建筑物间架空走廊

C. 无围护结构，有顶盖，有栏杆，且结构层高 2.2m 的建筑物间架空走廊

D. 大厅内设置的有栏杆，且结构层高 2.2m 的回廊

3. 根据《建筑工程建筑面积计算规范》（GB/T 50353—2013）的规定，下列飘窗中，(　　)应按其围护结构外围水平面积计算 1/2 面积。

A. 窗台与室内楼面高差 0.3m，飘窗结构净高 2.4m

B. 窗台与室内楼面高差 0.3m，飘窗结构净高 1.8m

C. 窗台与室内楼面高差 0.6m，飘窗结构净高 2.4m

D. 窗台与室内楼面高差 0.6m，飘窗结构净高 1.8m

4. 根据《建筑工程建筑面积计算规范》（GB/T 50353—2013）的规定，高度为 2.1 m 的立体书库结构层，其建筑面积(　　)。

A. 不予计算　　B. 按 1/2 面积计算

C. 按全面积计算　　D. 只计算一层面积

5. 根据《建筑工程建筑面积计算规范》（GB/T 50353—2013）的规定，有顶盖无围护结构的场馆看台部分(　　)。

A. 不予计算

B. 按其结构底板水平投影面积计算

C. 按其顶盖的水平投影面积 1/2 计算

D. 按其顶盖水平投影面积计算

6. 根据《建筑工程建筑面积计算规范》（GB/T 50353—2013）的规定，主体结构内的阳台，其建筑面积应(　　)。

A. 按其结构外围水平面积 1/2 计算

B. 按其结构外围水平面积计算

C. 按其结构地板水平面积 1/2 计算

D. 按其结构底板水平面积计算

7. 根据《建筑工程建筑面积计算规范》（GB/T 50353—2013）的规定，多层建筑物二层及以上楼层应以层高判断如何计算建筑面积，关于层高的说法，正确的是(　　)。

A. 最上层按楼面结构标高至层面板板面结构标高之间的垂直距离

B. 以屋面板找坡的，按楼面结构标高至屋面板最高处标高之间的垂直距离

C. 有基础底板的按底板下表面至上层楼面结构标高之间的垂直距离

D. 没有基础底板的按基础底面至上层楼面结构标高之间的垂直距离

8. 根据《建筑工程建筑面积计算规范》（GB/T 50353—2013）的规定，下列情况可以计算建筑面积的是(　　)。

A. 设计加以利用的坡情顶内净高在 1.20～2.10m

B. 地下室采光井所占面积

C. 建筑物出入口外挑宽度在 1.20 以上的雨篷

D. 不与建筑物内联通的装饰性阳台

9. 根据《建筑工程建筑面积计算规范》（GB/T 50353—2013）的规定，关于建筑面积计算的说法，正确是(　　)。

A. 以幕墙作为围护结构的建筑物按幕墙外边线计算建筑面积

B. 高低跨内相连通时变形缝计入高跨面积内

C. 多层建筑首层按照勒脚外围水平面积计算

D. 建筑物变形缝所占面积按自然层扣除

10. 根据《建筑工程建筑面积计算规范》(GB/T 50353—2013)的规定，关于大型体育场看台下部设计利用部位建筑面积计算的说法，正确的是(　　)。

A. 层高<2.10m，不计算建筑面积

B. 层高>2.10m，且设计加以利用计算 1/2 面积

C. 1.20m≤净高≤2.10m 时，计算 1/2 面积

D. 层高≥1.20m 计算全面积

11. 根据《建筑工程建筑面积计算规范》(GB/T 50353—2013)的规定，关于建筑物外有永久顶盖无围护结构的走廊的建筑面积计算的说法，正确的是(　　)。

A. 按结构底板水平面积的 1/2 计算

B. 按顶盖水平设计面积计算

C. 层高超过 2.1m 的计算全面积

D. 层高不超过 2m 的不计算建筑面积

12. 根据《建筑工程建筑面积计算规范》(GB/T 50353—2013)的规定，关于无永久顶盖的室外顶层楼梯的建筑面积计算的说法，正确的是(　　)。

A. 按水平投影面积计算

B. 按水平投影面积的 1/2 计算

C. 不计算建筑面积

D. 层高 2.20m 以上按水平投影面积计算

13. 根据《建筑工程建筑面积计算规范》(GB/T 50353—2013)的规定，建筑物的建筑面积应按自然层外墙结构外围水平面积之和计算。以下说法正确的是(　　)。

A. 建筑物高度为 2.00m 部分，应计算全面积

B. 建筑物高度为 1.8m 部分，不计算面积

C. 建筑物高度为 1.2m 部分，不计算面积

D. 建筑物高度为 2.1m 部分，应计算 1/2 面积

14. 根据《建筑工程建筑面积计算规范》(GB/T 50353—2013)的规定，建筑物内设有局部楼层，局部二层层高 2.15m，关于其建筑面积计算的说法，正确的是(　　)。

A. 无围护结构的不计算面积

B. 无围护结构的按结构底板水平面积计算

C. 有围护结构的按结构底板水平面积计算

D. 有围护结构的按结构底板水平面积的 1/2 计算

15. 根据《建筑工程建筑面积计算规范》(GB/T 50353—2013)的规定，关于地下室、半地下室建筑面积计算的说法，正确的是(　　)。

A. 层高不足 1.80m 者不计算面积

B. 层高为 2.10m 的部位计算 1/2 面积

C. 层高为 2.10m 的部位应计算全面积

D. 层高为 2.10m 以上的部位应计算全面积

16. 根据《建筑工程建筑面积计算规范》（GB/T 50353—2013）的规定，关于建筑物大厅内层高在 2.20m 以上的回（走）廊的建筑面积计算的说法，正确的是(　　)。

A. 按回（走）廊水平投影面积并入大厅面积

B. 不单独计算建筑面积

C. 按结构底板水平投影面积计算

D. 按结构底板水平面积的 1/2 计算

17. 根据《建筑工程建筑面积计算规范》（GB/T 50353—2013）的规定，关于层高在 2.20m 及以上有围护结构的舞台灯光控制室建筑面积计算的说法，正确的是(　　)。

A. 按围护结构外围水平面积计算

B. 按围护结构外围水平面积的 1/2 计算

C. 按控制室底板水平面积计算

D. 按控制室底板水平面积的 1/2 计算

18. 根据《建筑工程建筑面积计算规范》（GB/T 50353—2013）的规定，关于土方项目列项或工程量计算的说法，正确的是(　　)。

A. 建筑物场地厚度为 350 mm挖土应按平整场地项目列项

B. 挖一般土方的工程量应按开挖虚方体积计算

C. 基础土方开挖应区分沟槽，基坑和一般土方项目分别列项

D. 冻土开挖工程量需按虚方体积计算

19. 多层建筑物二层以上楼层按其外墙结构外围水平面积计算，层高在 2.20m 及以上者计算全面积，其层高是指(　　)。

A. 上下两层楼面结构标高之间的垂直距离

B. 本层地面与屋面板底结构标高之间的垂直距离

C. 最上一层层高是其楼面至层面板底结构标高之间的垂直距离

D. 最上层遇屋面板找坡的以其楼面至屋面板最高处板面结构之间的垂直距离

20. 关于地下室的建筑面积计算的说法，正确的是(　　)。

A. 外墙保护墙上口外边线所围水平面积　　B. 层高 2.10m 及以上者计算全面积

C. 层高不足 2.2m 者应计算 1/2 面积　　D. 层高在 1.90m 以下者不计算面积

21. 关于有永久性顶盖且顶高 4.2m 无围护结构的场馆看台的建筑面积计算的说法，正确的是(　　)。

A. 按看台底板结构外围水平面积计算

B. 按顶盖水平投影面积计算

C. 按看台底板结构外围水平面积的 1/2 计算

D. 按顶盖水平投影面积的 1/2 计算

22. 关于建筑物内的管道井的建筑面积计算的说法，正确的是(　　)。

A. 不计算建筑面积

B. 按管道井图示结构内边线面积计算

C. 按管道井净空面积的 1/2 乘以层数计算

D. 按自然层计算建筑面积

二、多项选择题

1. 根据《建筑工程建筑面积计算规范》(GB/T 50353—2013)的规定，不计算建筑面积的有(　　)。

A. 结构层高为 2.10m 的门斗
B. 建筑物内的大型上料平台
C. 无围护结构的观光电梯
D. 有围护结构的舞台灯光控制室
E. 过街楼底层的开放公共空间

2. 根据《建筑工程建筑面积计算规范》(GB/T 50353—2013)的规定，不计算建筑面积的有(　　)。

A. 建筑物室外台阶
B. 空调室外机搁扳
C. 屋顶可上人露台
D. 与建筑物不相连的有顶盖车棚
E. 建筑物内的变形缝

3. 根据《建筑工程建筑面积计算规范》(GB/T 50353—2013)的规定，关于建筑面积计算的说法，正确的有(　　)。

A. 建筑物顶部有围护结构的电梯机房不单独计算面积
B. 建筑物顶部层高为 2.1m 的有围护结构的水箱间不计算
C. 围护结构不垂直于水平面的楼层，应按其底板面外墙外围水平面积计算
D. 建筑物室内提升井不计算
E. 建筑物室内楼梯按自然层计算

4. 根据《房屋建筑与装饰工程工程量计算规范》(GB 50854—2013)的规定，关于建筑面积计算的说法，正确的有(　　)。

A. 过街楼底层的建筑物通道按通道底板水平面积计算
B. 建筑物露台按围护结构外围水平面积计算
C. 挑出宽度 1.8m 的无柱雨篷不计算
D. 建筑物室外台阶不计算
E. 挑出宽度超过 1.00m 的空调室外机搁板不计算

5. 关于建筑面积计算的说法，正确的有(　　)。

A. 露天游泳池按设计图示外围水平投影面积的 1/2 计算
B. 建筑物内的储水罐平台按平台投影面积计算
C. 有永久顶盖的室外楼梯，按楼梯水平投影面积计算
D. 建筑物主体结构内的阳台按其结构外围水平面积计算
E. 宽度超过 2.10m 的雨篷按结构板的水平投影面积 1/2 计算

三、实务题

计算如图 2.2.1～图 2.2.5 所示工程各层建筑面积及总建筑面积(工程为地下一层，地上三层，地下一层至二层层高分别为 3.0m、3.9m、3.2m；屋顶如图 2.2.5 所示为坡屋面，顶层即三层净高最低处为 1.44m，净高 2.1m 线如图 2.2.4 所示。外墙除标注外厚度均为 240mm，穿墙轴线均为中心线)。

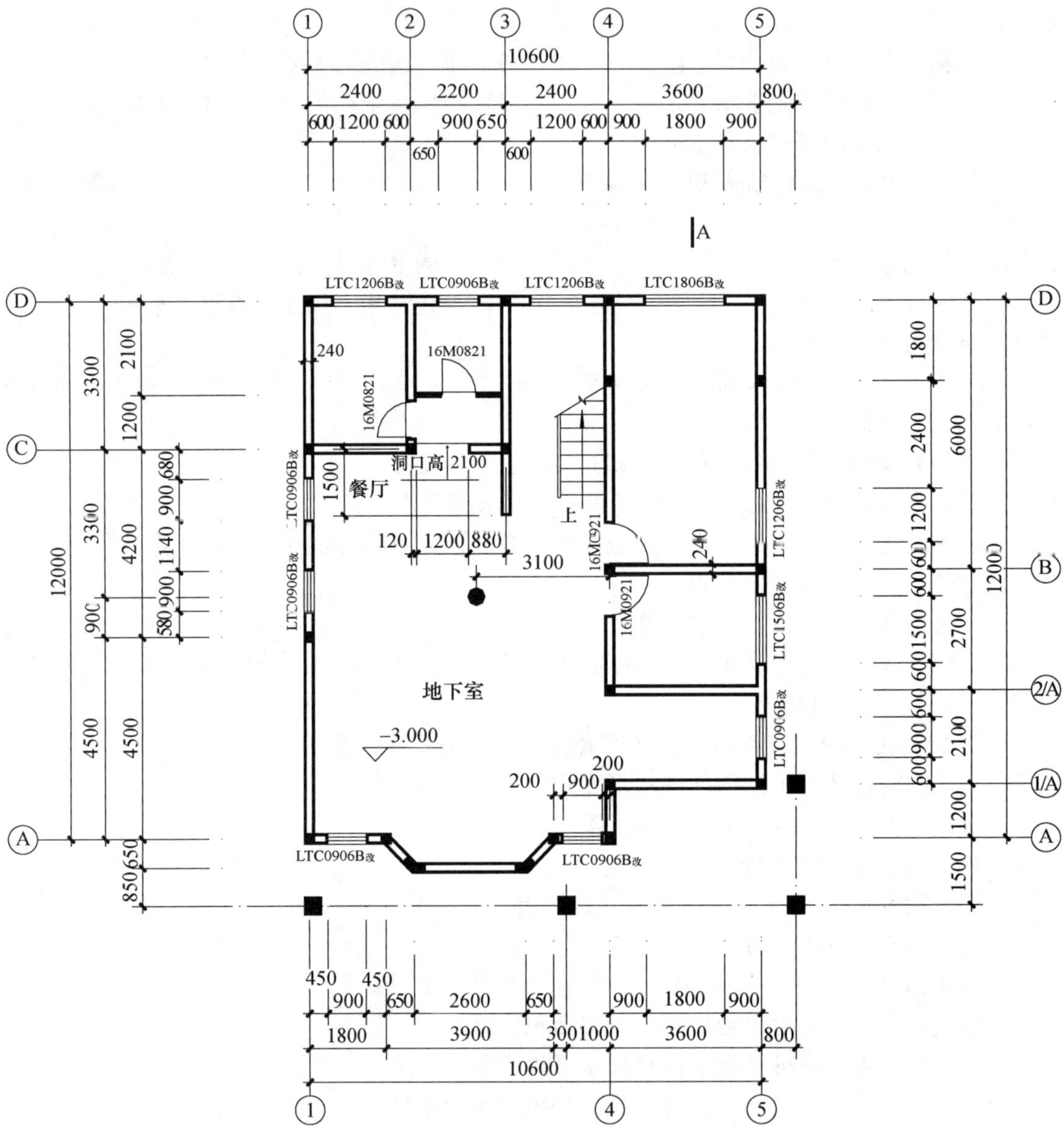
LTC1206B改
LTC0906B改
LTC1206B改
LTC1806B改
16M0821
16M0821
餐厅
洞口高 2100
上
16M0921
16M0921
地下室
−3.000
LTC0906B改
LTC0906B改
LTC1206B改
LTC1506B改
LTC0906B改
10600
2400
2200
2400
3600
800
1800
3900
12000
6000
4500
2700
2100

图 2.2.1　地下室平面图

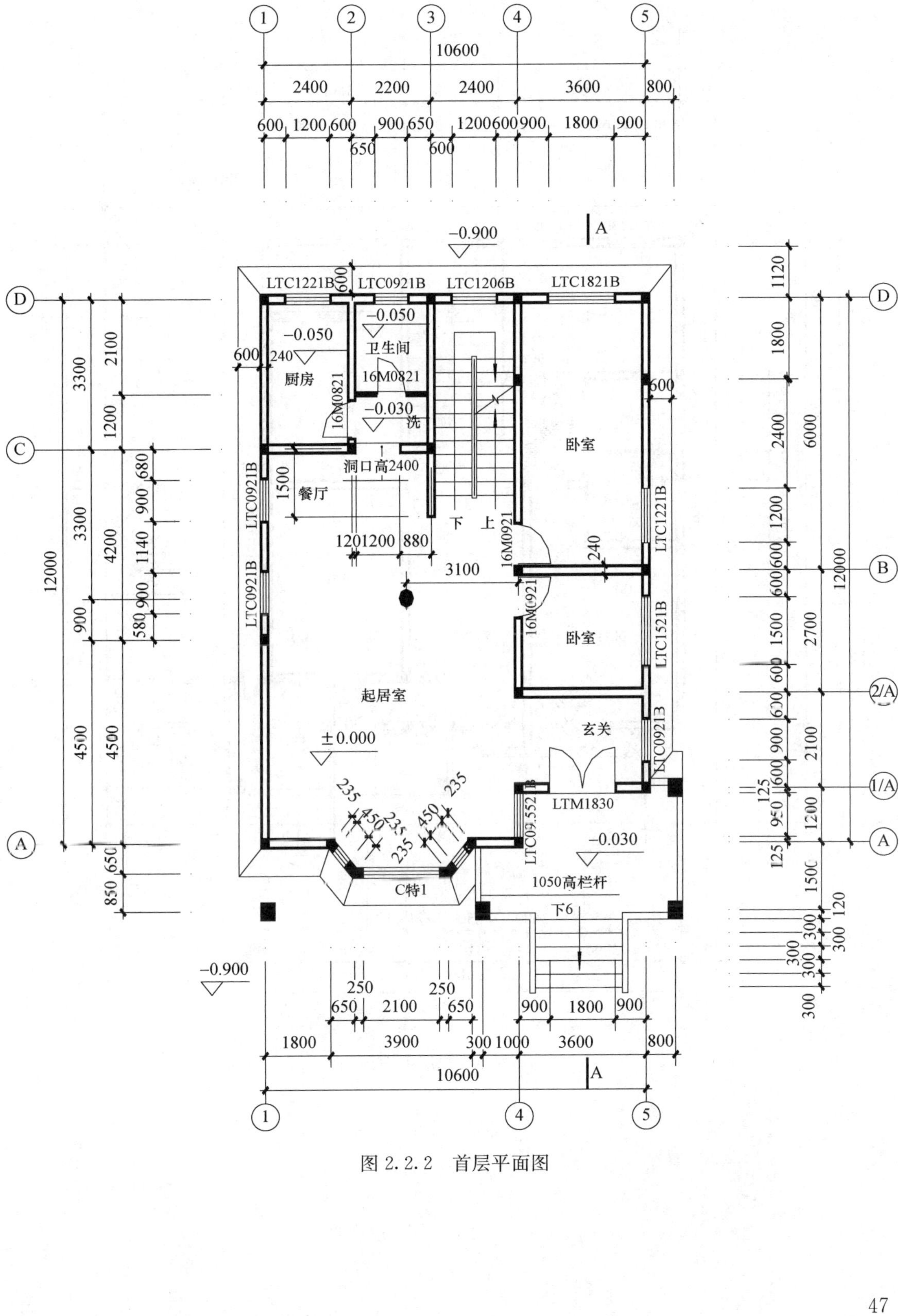

图 2.2.2　首层平面图

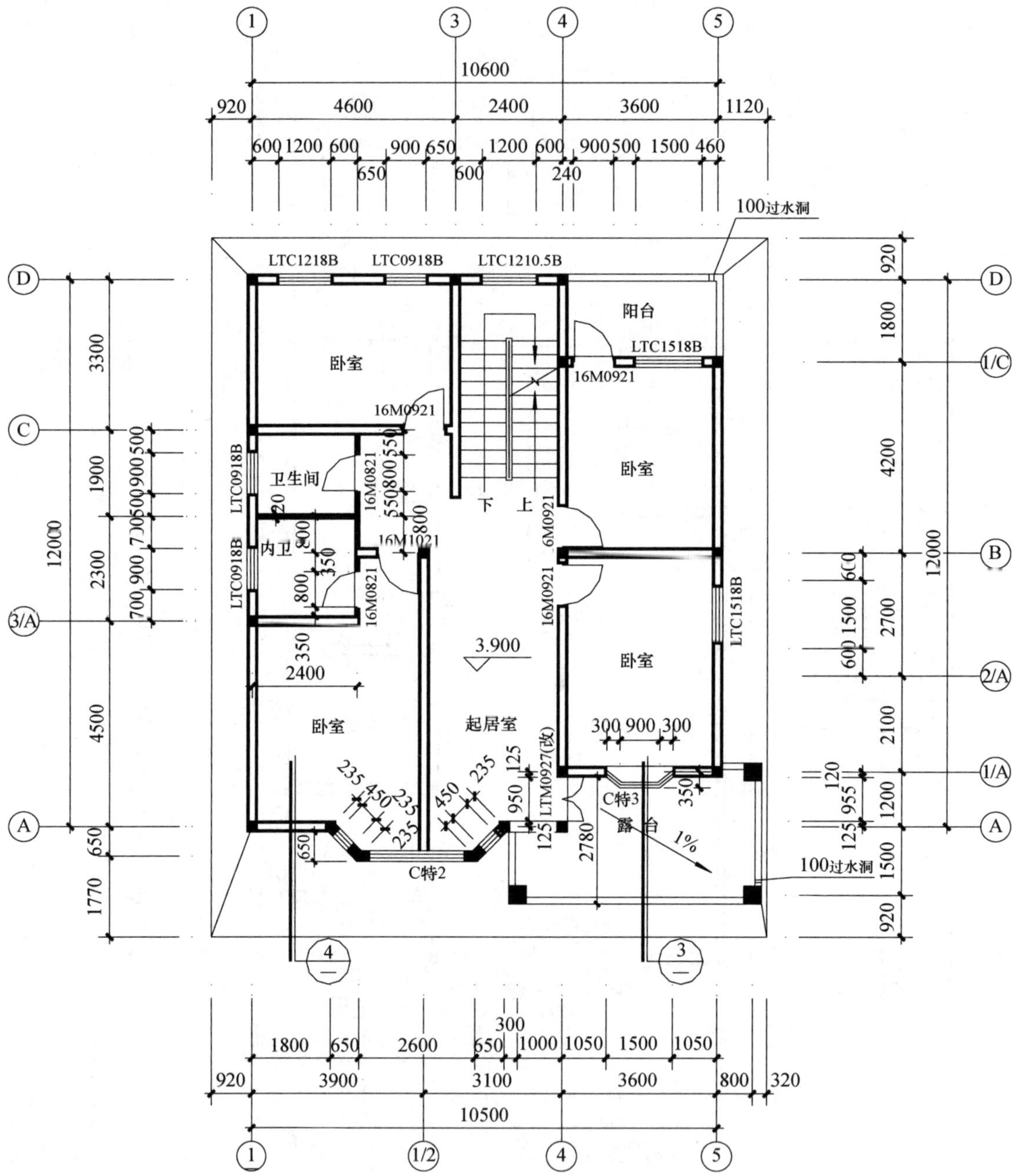
LTC1218B
LTC0918B
LTC1210.5B
阳台
LTC1518B
16M0921
卧室
卧室
卫生间
内卫
16M0821
16M1021
下
上
起居室
3.900
卧室
卧室
LTM0927(改)
C特2
C特3
露台
1%
100过水洞
LTC0918B
LTC1518B
10600
10500
12000

图 2.2.3　二层平面图

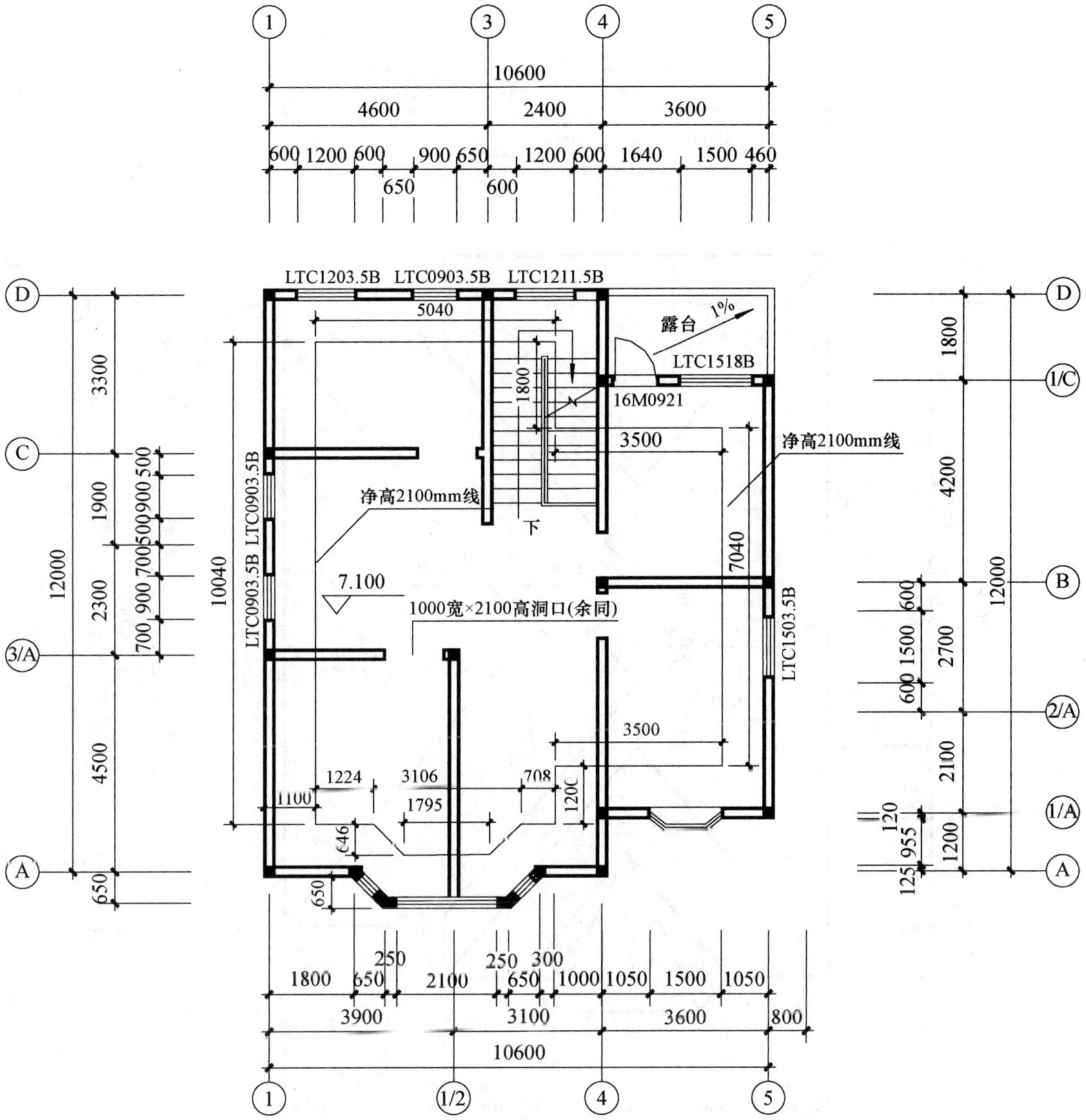

图 2.2.4　三层平面图

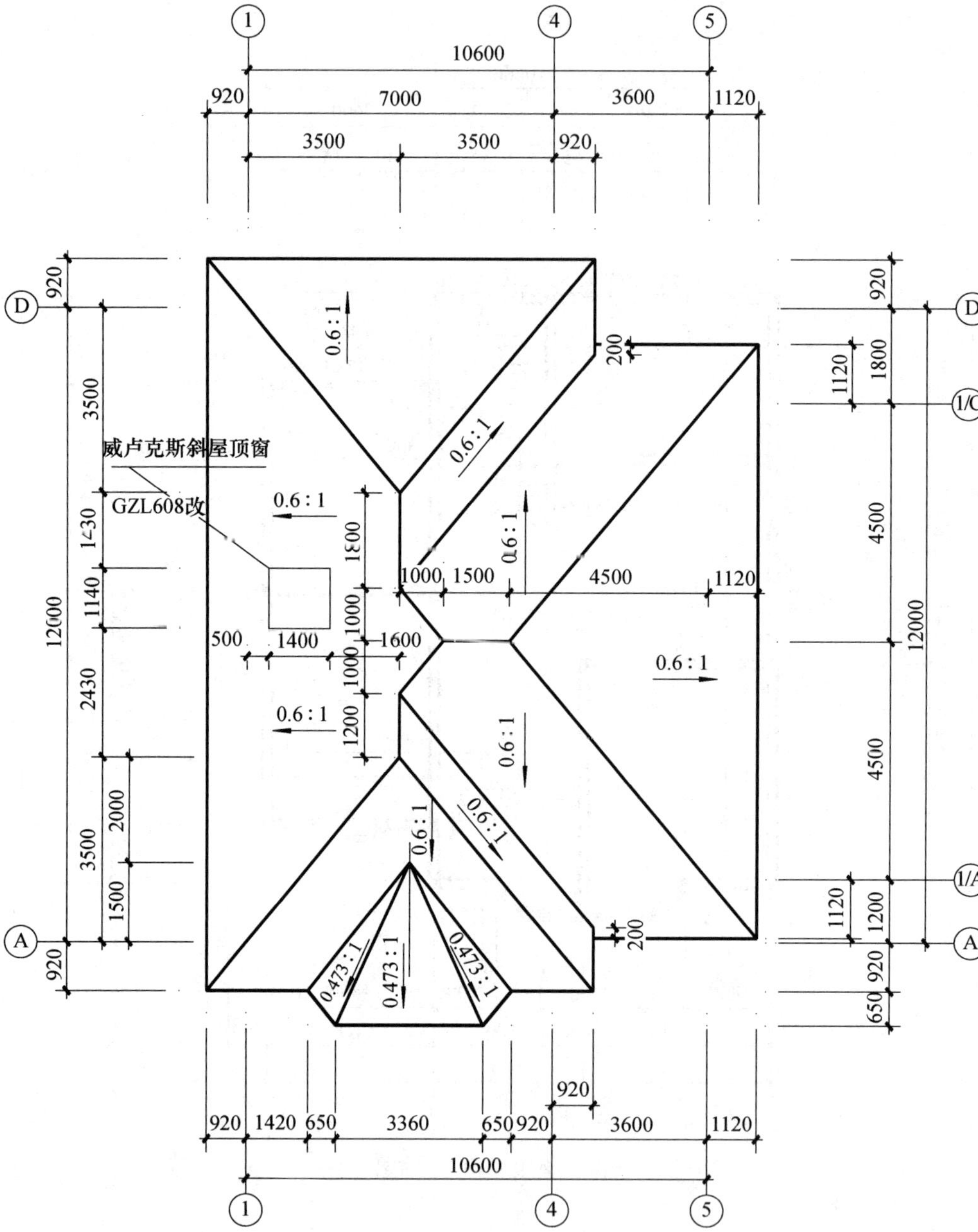

威卢克斯斜屋顶窗
GZL608改
0.6 : 1
0.473 : 1
10600
920
7000
3600
1120
3500
1420
650
3360
12000
1800
1140
2430
2000
1500
1200
4500
1000
1400
1600
500
200
D
A
1/C
1/A
1
4
5

图 2.2.5　屋顶平面图

参考答案

一、单项选择题

1. B　2. D　3. A　4. B　5. C　6. B　7. A　8. A　9. A　10. C
11. A　12. C　13. D　14. D　15. B　16. C　17. A　18. C　19. A　20. C
21. D　22. D

二、多项选择题

1. BCE　2. ABC　3. CE　4. CDE　5. CE

三、实务题

地下一层建筑面积＝10.84×12.24＋(2.6＋3.9)×0.65×0.5－1.2×3.6＝130.47(m^2)

一层建筑面积＝10.84×12.24＋(2.6＋3.9)×0.65×0.5－1.2×3.6＋(6×1.68＋1.2×4.58＋0.3×0.98)×0.5＝138.41(m^2)

二层建筑面积＝10.84×12.24＋(2.6＋3.9)×0.65×0.5－1.2×3.6－1.8×3.6×0.5＝127.23(m^2)

三层建筑面积＝0.5×[10.84×12.24＋(2.6＋3.9)×0.65×0.5－1.2×3.6－1.8×3.6－10.04×8.54－3.5×1.8－3.5×1.2＋(1.795＋3.106)×0.5×0.646]＋10.04×8.54－3.5×1.8－3.5×1.2＋(1.795＋3.106)×0.5×0.646＝91.49(m^2)

总建筑面积＝地下层面积＋一层面积＋二层面积＋三层面积＝487.61(m^2)

第三节　土建工程工程量计算规则及应用

一、工程量简介、依据、工程量计算方法及统筹法

考纲要求

1. 了解工程量的概念。
2. 熟悉工程量计算的依据。
3. 掌握工程量计算的一般顺序。
4. 掌握统筹法计算工程量。

考点汇总

1. 工程量的概念

工程量即工程的实物数量，工程量是以自然计量单位或物理计量单位表示的各分部分项工程、措施项目或结构构件的数量。

2. 工程量计算的依据

（1）经审定的施工设计图纸及其说明和配套的标准图集。

（2）国家发布的工程量计算规范和国家、地方和行业发布的预算定额（或消耗量定额）规定的工程量计算规则。

（3）经审定的施工组织设计（项目管理实施规划）或施工方案。

（4）经审定通过的其他有关技术经济文件。如工程施工合同、招标文件的商务条款等。

3. 工程量计算的一般顺序

工程量计算是编制工程量清单的重要环节，也是投标报价的重要基础。为了准确快速地计算工程量，避免发生多算、少算、重复计算的现象，计算时应按一定的顺序及方法进行，一般来说，土建工程部分先计算建筑面积，然后计算分部分项工程量。

在安排各分部工程计算顺序时，可以按照《建设工程工程量清单计价规范》（GB 50500—2013）附录中的工程量计算规则的顺序或按照施工顺序依次进行计算。通常计算顺序为：（建筑面积）→土（石）方工程→桩与地基基础工程→砌筑工程→混凝土及钢筋混凝土工程→厂库房大门、特种门、木结构工程→金属结构工程→屋面及防水工程→防腐、隔热、保温工程→装饰工程→措施项目等。

而对于同一分部工程中的不同分项工程量的计算，一般可采用以下顺序：

（1）按顺时针顺序计算，从平面图左上角开始，按顺时针方向逐步计算，绕一周后回到左上角。此方法适用于计算外墙及其基础、室内楼地面、天棚等。

（2）按横竖顺序计算，从平面图上的横竖方向，从左到右，先外后内，先横后竖，先上后下逐步计算。此方法适用于计算内墙及其基础、间壁墙等。

（3）按编号顺序计算，按照图纸上注明的编号顺序计算，如钢筋混凝土构件、门窗、金属结构等，可按照图样的编号进行计算。

（4）按轴线顺序计算，对于复杂的工程，计算墙体、柱、内外粉刷时，仅按上述顺序计算，可能发生重复或遗漏，这时，可按图纸上的轴线顺序进行计算，并将其部位以轴线号表示出来。

4. 统筹法计算工程量

（1）统筹法计算工程量打破了按照规范顺序或按照施工顺序的工程量计算顺序，而是根据施工图样中大量图形线、面数据之间“集中”“共需”的关系，找出工程量的变化规律，利用其几何共同性，统筹安排数据的计算。

（2）特点是：统筹程序、合理安排；一次算出、多次使用；结合实际、灵活机动。统筹法计算工程量应根据工程量计算自身的规律，抓住共性因素，统筹安排计算顺序，使已算出的数据能为以后的分部分项工程的计算所利用，减少计算过程中的重复性，提高计算效率。

（3）统筹法计算工程量的核心：根据统筹的顺序首先计算出若干工程量计算的基数，而这些基数能在以后的计算中反复使用。工程量计算基数并不确定，不同的工程可以归纳出不同的基数，但对于大多数工程而言，“三线一面”是其共有的基数。“三线”指的是外墙中心线、外墙外边线、内墙净长线。“一面”指的是建筑物的首层建筑面积。

习题精选

一、单项选择题

1. 在工程量计算中，常用基数三线一面，其中一面指的是（　　）。

A. 室内建筑面积　　B. 室外建筑面积

C. 建筑物总面积　　D. 首层建筑面积

2. 不属于工程量清单项目工程量计算依据的是（　　）。

A. 施工图纸　　B. 招标文件

C. 工程量计算规则　　D. 监理实施细则

二、多项选择题

在工程量计算中，基数的内容包括（　　）。

A. 外墙中心线　　B. 外墙外边线

C. 内墙净长线　　D. 内墙中心线

E. 基础净长线

参考答案

一、单项选择题

1. D　　2. D

二、多项选择题

ABC

二、工程量计算的规则与方法

（一）土石方工程

考纲要求

1. 掌握平整场地、挖一般土方、挖沟槽土方、挖基坑土方工程量的计算。
2. 熟悉冻土开挖、挖淤泥、流砂及管沟开挖工程量的计算。
3. 了解石方工程量的计算。
4. 掌握土方回填及余方弃置工程量的计算。

考点汇总

土石方工程包括土方工程、石方工程及回填三部分内容。

1. 土方工程

土方工程包括平整场地、挖一般土方、挖沟槽土方、挖基坑土方、动土开挖、挖淤泥

（流沙）、管沟土方等项目。平整场地、挖一般土方、挖沟槽土方、挖基坑土方项目划分的规定如下：

① 建筑物场地厚度小于或等于±300mm的挖、填、运、找平，应按平整场地项目编码列项。厚度大于±300mm的竖向布置挖土或山坡切土应按挖一般土方项目编码列项。

② 沟槽、基坑、一般土方的划分为：底宽小于或等于7m，且底长大于3倍底宽为沟槽；底长小于或等于3倍底宽，且底面积小于或等于150m^{2}为基坑；超出上述范围则为一般土方。

（1）平整场地。按设计图示尺寸以建筑物首层建筑面积计算。

（2）挖一般土方。按设计图示尺寸以体积计算。挖土方平均厚度应按自然地面测量标高至设计地坪标高间的平均厚度确定。土方体积应按挖掘前的天然密实体积计算。非天然密实土方应按表2.3.1折算。

表2.3.1　土方体积折算系数表

天然密实度体积	虚方体积	夯实后体积	松填体积
0.77	1.00	0.67	0.83
1.00	1.30	0.87	1.08
1.15	1.50	1.00	1.25
0.92	1.20	0.80	1.00

注：1. 虚方指未经碾压、堆积时间小于或等于1年的土壤。

2. 本表按《全国统一建筑工程预算工程量计算规则》GJDG2-101-95整理。

3. 设计密实度超过规定的，填方体积按工程设计要求执行；无设计要求按各省、自治区、直辖市或行业建设行政主管部门规定的系数执行。

（3）挖沟槽土方、挖基坑土方。按设计图示尺寸以基础垫层底面积乘以挖土深度计算。基础土方开挖深度应按基础垫层底表面标高至交付施工场地标高确定，无交付施工场地标高时，应按自然地面标高确定。

挖沟槽、基坑、一般土方因工作面和放坡增加的工程量（管沟工作面增加的工程量）是否并入各土方工程量中，应按各省、自治区、直辖市或行业建设主管部门的规定实施，如并入各土方工程量中，办理工程结算时，按经发包人认可的施工组织设计规定计算，编制工程量清单时，可按表2.3.2和表2.3.3规定计算。

表2.3.2　放坡系数表

土类别	放坡起点（m）	人工挖土	机械挖土		
			坑内作业	坑上作业	顺沟槽在坑上作业
一、二类土	1.20	1∶0.5	1∶0.33	1∶0.75	1∶0.5
三类土	1.50	1∶0.33	1∶0.25	1∶0.67	1∶0.33
四类土	2.00	1∶0.25	1∶0.10	1∶0.33	1∶0.25

注：1. 沟槽、基坑中土类别不同时，分别按其放坡起点、放坡系数，依不同土类别厚度加权平均计算。

2. 计算放坡时，在交接处的重复工程量不予扣除，原槽、坑作基础垫层时，放坡自垫层上表面开始计算。

表 2.3.3　基础施工所需工作面宽度计算表

基础材料	每边各增加工作面宽度（mm）
砖基础	200
浆砌毛石、条石基础	150
混凝土基础垫层支模板	300
混凝土基础支模板	300
基础垂直面做防水层	1000（防水层面）

注：本表按《全国统一建筑工程预算工程量计算规则》GJDGZ-101-95 整理。

（4）开挖冻土。按设计图示尺寸开挖面积乘以厚度以体积计算。

（5）挖淤泥、流砂。挖方出现流砂、淤泥时，如设计未明确，在编制工程量清单时，其工程数量可为暂估量，结算时应根据实际情况由发包人与承包人双方现场签证确认工程量。

（6）挖管沟土方。按设计图示以管道中心线长度计算，或按设计图示管底垫层面积乘以挖土深度以体积计算。无管底垫层按管外径的水平投影面积乘以挖土深度计算。不扣除各类井的长度，井的土方并入。

2. 回填

回填包括回填方、余方弃置等项目。

（1）回填方。按设计图示尺寸以体积计算。

场地回填：回填面积乘以平均回填厚度。

室内回填：主墙间面积乘以回填厚度，不扣除间隔墙。

基础回填：按挖方清单项目工程量减去自然地坪以下埋设的基础体积（包括基础垫层及其他构筑物）。

（2）余方弃置。按挖方清单项目工程量减去利用回填方体积（正数）计算（余方点装料运输至弃置点）。

习题精选

一、单项选择题

1. 根据《房屋建筑与装饰工程工程量计算规范》（GB 50854—2013）的规定，某建筑物首层建筑面积为 2000m^2，场地内有部分 150mm 以内的挖土用 6.5t 自卸汽车（斗容量 4.5m^3）运土，弃土共计 20 车，运距 150m，则其平整场地的工程量为(　　)。

A. 69.2m^3　　B. 83.3m^3　　C. 90m^3　　D. 2000m^2

2. 根据《房屋建筑与装饰工程工程量计算规范》（GB 50854—2013）的规定，建筑物外墙砖基础垫层底宽为 850mm，基槽挖土深度为 1600mm，设计中心线为 40000mm，土层为三类土，放坡系数为 1∶0.33，则此外墙基础人工挖沟槽工程量应为(　　)。

A. 34m^2　　B. 54.4m^2　　C. 88.2m^2　　D. 113.8m^2

3. 根据《房屋建筑与装饰工程工程量计算规范》（GB 50854—2013）的规定，当土方开挖底长小于或等于 3 倍底宽，且底面积大于或等于 150m^2，开挖尝试为 0.8m 时，清单项应列为(　　)。

A. 平整场地　　B. 挖一般土方　　C. 挖沟槽土方　　D. 挖基坑土方

4. 根据《房屋建筑与装饰工程工程量计算规范》（GB 50854—2013）的规定，若开挖设计长为 20m，宽为 6m，深度为 0.8m 的土方工程，在清单中列项应为(　　)。

A. 平整场地　　B. 挖沟槽　　C. 挖基坑　　D. 挖一般土方

5. 根据《房屋建筑与装饰工程工程量计算规范》（GB 50854—2013）的规定，关于石方工程计算的说法，正确的是(　　)。

A. 挖基坑石方按设计图示尺寸基坑底面积乘以埋置深度以体积计算

B. 挖沟槽石方按设计图示以沟槽中心线长度计算

C. 挖一般石方按设计图示开挖范围的水平投影面积计算

D. 挖管沟石方按设计图示以管道中心线长度计算

6. 某管沟工程，设计管底垫层宽度为 2000mm，开挖深度为 2.00 m，管径为 1200mm，工作面宽为 400mm，管道中心线长 180 m，管沟土方工程量计算正确的是(　　)。

A. $432m^3$　　B. $576m^3$　　C. $720m^3$　　D. $1008m^3$

7. 根据《房屋建筑与装饰工程工程量计算规范》（GB 50854—2013）的规定，关于石方的项目列项或工程量计算的说法，正确的是(　　)。

A. 山坡凿石按一般石方列项

B. 考虑石方运输，石方体积需折算为虚方体积计算

C. 管沟石方均按一般石方列项

D. 基坑底面积超过 $120m^2$ 的按一般石方列项

8. 某建筑首层建筑面积为 $500m^2$，场地较为平整，其自然地面标高为＋87.5m，设计室外地面标高为＋87.15m，则其场地土方清单列项和工程量分别是(　　)。

A. 按平整场地列项：$500m^2$　　B. 按一般土方列项：$500m^2$

C. 按平整场地列项：$175m^3$　　D. 按一般土方列项：$175m^3$

二、多项选择题

1. 根据《房屋建筑与装饰工程工程量计算规范》（GB 50854—2013）的规定，关于管沟土方工程量计算的说法，正确的有(　　)。

A. 按管沟宽乘以深度再乘以管道中心线长度计算

B. 按设计管道中心线长度计算

C. 按设计管底垫层面积乘以深度计算

D. 按管道外径水平投影面积乘以深度计算

E. 按管沟开挖断面乘以管道中心线长度计算

2. 某坡地建筑基础，设计基底垫层宽为 8.0 m，基础中心线长为 22.0 m，开挖深度为 1.6 m，地基为中等风化软岩，根据《房屋建筑与装饰工程工程量计算规范》（GB 50854—2013）的规定，关于基础石方的项目列项或工程量计算的说法，正确的有(　　)。

A. 按挖沟槽石方列项　　B. 按挖基坑石方列项

C. 按挖一般石方列项　　D. 工程量为 $286.1m^3$

E. 工程量为 22.0m

3. 根据《房屋建筑与装饰工程工程量计算规范》（GB 50854—2013）的规定，关于土方工程量计算与项目列项的说法，正确的有(　　)。

A. 建筑物场地挖、填度小于或等于±300mm 的挖土应按一般土方项目编码列项计算

B. 平整场地工程量按设计图示尺寸以建筑物首层建筑面积计算

C. 挖一般土方应按设计图示尺寸以挖掘前天然密实体积计算

D. 挖沟槽土方工程量按沟槽设计图示中心线长度计算

E. 挖基坑土方工程量按设计图示尺寸以体积计算

4. 某工程石方清单为暂估项目，施工过程中需要通过现场签证确认实际完成工作量，挖方全部外运。已知开挖范围为底长 25m，底宽 9m，使用斗容量为 $10m^3$ 的汽车平装外运 55 车，则关于石方清单列项和工程量的说法，正确的有(　　)。

A. 按挖一般石方列项

B. 按挖沟槽石方列项

C. 按挖基坑石方列项

D. 工程量为 $357.14m^3$

E. 工程量为 $500.00m^3$

三、实务题

某工程±0.00 以下基础施工图如图 2.3.1～图 2.3.3 所示。室内外标高差 450mm。基础垫层为非原槽浇筑，垫层支模，混凝土强度等级为 C10，地圈梁混凝土强度等级为 C20。砖基础为普通页岩标准砖，M5.0 水泥砂浆砌筑。独立柱基及柱为 C20 混凝土，混凝土及砂浆为现场搅拌。回填夯实。土壤类别为三类土。请根据工程量计算规范确定相关清单项目的工程量。

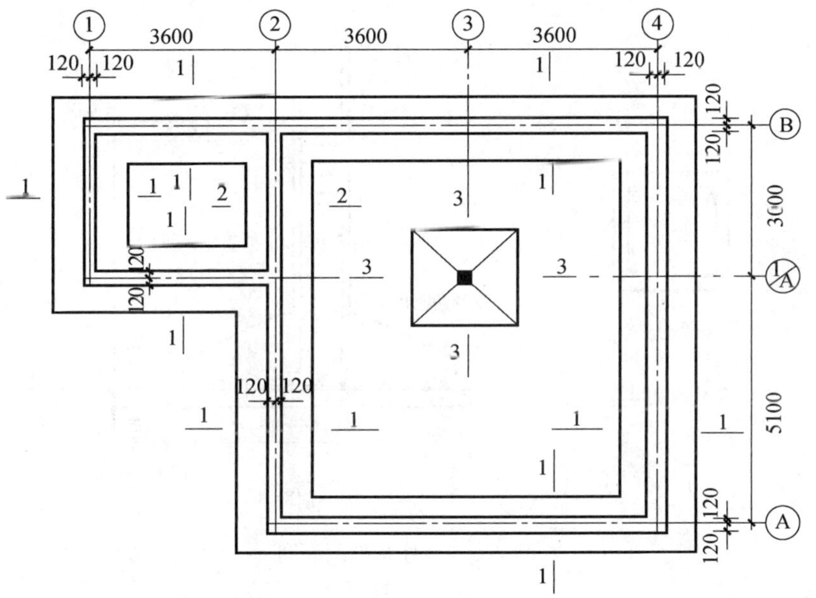

图 2.3.1　某工程基础平面图

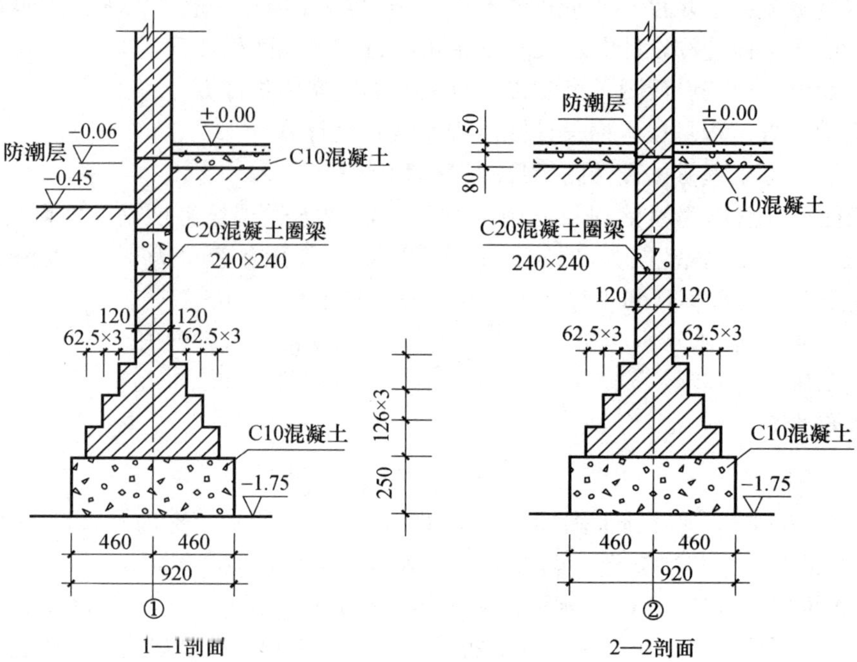

图 2.3.2　砖基础剖面图

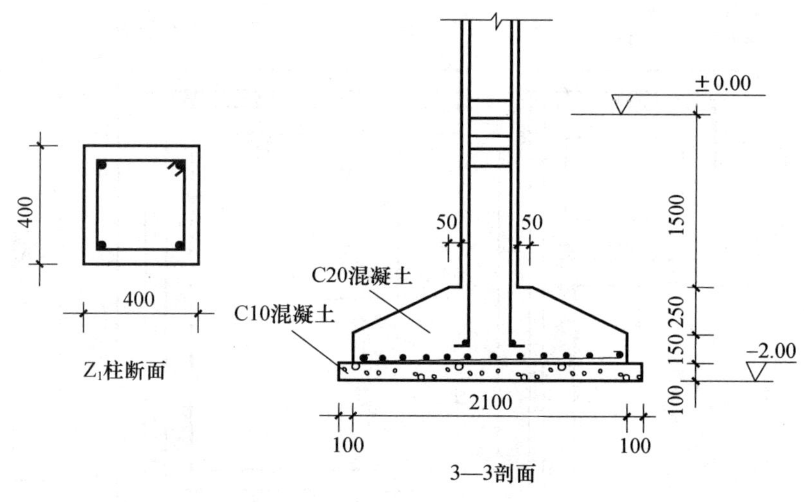

图 2.3.3　柱基础剖面图

参考答案

一、单项选择题

1. D　2. B　3. B　4. B　5. D　6. C　7. A　8. D

二、多项选择题

1. BCD　2. CD　3. BCE　4. AD

三、实务题

（1）010101001001 平整场地。

$(3.60\times3+0.12\times2)\times(3.00+0.24)+(3.60+0.12)\times2\times5.10$

$=11.04\times3.24+7.44\times5.10=73.71(\mathrm{m}^2)$

（2）010101003001 挖沟槽土方。

$(10.80+8.10)\times2+(3.00-0.92)=39.88(\mathrm{m})$

$V=0.92\times39.88\times1.3=47.70(\mathrm{m}^3)$

（3）010101004001 挖基坑土方。

$V=(2.10+0.20)\times(2.10+0.20)\times1.55=8.20(\mathrm{m}^3)$

（4）010103002001 土方回填。

① 沟槽回填：

$V_{垫层}=(37.8+2.08)\times0.92\times0.25=9.17(\mathrm{m}^3)$

$V_{室外地坪下砖基础（含地圈梁）}=(37.8+2.76)\times(1.05\times0.24+0.0625\times0.126\times12)=14.05(\mathrm{m}^3)$

$V_{沟槽回填}=47.70-9.17-14.05=24.48(\mathrm{m}^3)$

② 基坑回填：

$V_{垫层}=2.3\times2.3\times0.1=0.529(\mathrm{m}^3)$

$V_{地坪下独立基础}=1/3\times0.25\times(0.5^2+2.1^2+0.5\times2.1)+1.05\times0.4\times0.4+2.1\times2.1\times0.15$

$=1.31(\mathrm{m}^3)$

$V_{基坑回填}=8.20-0.529-1.31=6.361(\mathrm{m}^3)$

$V_{土方回填}=24.48+6.361=30.84(\mathrm{m}^3)$

（二）地基处理与边坡支护工程

考纲要求

1. 掌握换填垫层、强夯地基、砂石桩、水泥粉煤灰碎石桩、深层搅拌桩、粉喷桩、高压喷射注浆桩、褥垫层等地基处理各种方法工程量的计算。

2. 掌握地下连续墙、锚杆（锚索）、土钉、喷射混凝土（水泥砂浆）等地基处理与边坡支护的工程量计算。

考点汇总

地基处理与边坡支护工程包括地基处理、基坑与边坡支护两部分。

1. 地基处理

地基处理包括换填垫层、铺设土工合成材料、预压地基、强夯地基、振冲密实（不填料）、振冲桩（填料）、砂石桩、水泥粉煤灰碎石桩、深层搅拌桩、粉喷桩、夯实水泥土桩、高压喷射注浆装、石灰桩、灰土（土）挤密桩、柱锤冲扩桩、注浆地基、褥垫层等项目。

（1）换填垫层的工程量按设计图示尺寸以体积计算。换填垫层是将基础地面以下一定范围内的软弱土挖去，然后回填强度高、压缩性较低、没有侵蚀性的材料，并夯压密实形成的垫层。

（2）铺设土工合成材料的工程量按设计图示尺寸以面积计算。

（3）预压地基、强夯地基、振冲密实（不填料）的工程量按设计图示处理范围以面积计算。

（4）振冲桩（填料）的工程量计算规则有两种的以米计量，按设计图示尺寸以桩长计算；以立方米计量，按设计桩截面乘以桩长以体积计算。应结合拟建工程项目的实际情况确定（其他同）。

（5）砂石桩的工程量计算规则有两种：以米计量，按设计图示尺寸以桩长（包括桩尖）计算；以立方米计量，按设计桩截面乘以桩长（包括桩尖）以体积计算。

（6）水泥粉煤灰碎石桩、夯实水泥土桩、石灰桩、灰土（土）挤密桩的工程量均按设计图示尺寸以桩长（包括桩尖）计算。

（7）深层搅拌桩、粉喷桩、高压喷射注浆装、柱锤冲扩桩的工程量均按设计图示尺寸以桩长计算。

（8）注浆地基的工程量计算规则有两种：以米计量，按设计图示尺寸以钻孔深度计算；以立方米计量，按设计图示尺寸以加固体积计算。

（9）褥垫层的工程量计算规则有两种：以平方米计量，按设计图示尺寸以铺设面积计算；以立方米计量，按设计图示尺寸以体积计算。

2. 地基处理与边坡支护

基坑与边坡支护包括地下连续墙、咬合灌注桩、圆木桩、预制钢筋混凝土板桩、型钢桩、钢板桩、锚杆（锚索）、土钉、喷射混凝土（水泥砂浆）、钢筋混凝土支撑、钢支撑等项目。

（1）地下连续墙的工程量按设计图示墙中心线长乘以厚度乘以槽深以体积计算。

（2）咬合灌注桩的工程量计算规则有两种：以米计量，按设计图示尺寸以桩长计算；以根计量，按设计图示数量计算。

（3）圆木桩、预制钢筋混凝土板桩的工程量计算规则有两种：以米计量，按设计图示尺寸以桩长（包括桩尖）计算；以根计量，按设计图示数量计算。

（4）型钢桩的工程量计算规则有两种：以吨计量，按设计图示尺寸以质量计算；以根计量，按设计图示数量计算。

（5）钢板桩的工程量计算规则有两种：以吨计量，按设计图示尺寸以质量计算；以平方米计量，按设计图示墙中心线长乘以桩长以面积计算。

（6）锚杆（锚索）、土钉的工程量计算规则有两种：以米计量，按设计图示尺寸以钻孔深度计算；以根计量，按设计图示数量计算。

（7）喷射混凝土（水泥砂浆）的工程量按设计图示尺寸以面积计算。

（8）钢筋混凝土支撑、钢支撑的工程量按设计图示尺寸以质量计算。不扣除孔眼质量，焊条、铆钉、螺栓等不另增加质量。

习题精选

一、单项选择题

1. 根据《房屋建筑与装饰工程工程量计算规范》（GB 50854—2013）的规定，关于地基处理工程量计算的说法，正确的是(　　)。

A. 换填垫层按照图示尺寸以面积计算

B. 铺设土工合成材料按图示尺寸以铺设长度计算

C. 强夯地基按图示处理范围和深度以体积计算

D. 振冲密实不填料的按图示处理范围以面积计算

2. 根据《房屋建筑与装饰工程工程量计算规范》(GB 50854—2013) 的规定，关于基坑与边坡支护工程量计算的说法，正确的是(　　)。

A. 地下连续墙按设计图示尺寸以体积计算

B. 咬合灌注桩按设计图示尺寸以体积计算

C. 喷射混凝土按设计图示以体积计算

D. 预制钢筋混凝土板桩按照设计图示尺寸以体积计算

3. 根据《房屋建筑与装饰工程工程量计算规范》(GB 50854—2013) 的规定，基坑支护的锚杆的工程量应(　　)。

A. 按设计图示尺寸以支护体积计算

B. 按设计图示尺寸以支护面积计算

C. 按设计图示尺寸以钻孔深度计算

D. 按设计图示尺寸以质量计算

4. 对某建筑地基设计要求强夯处理，处理范围为 40.0m×56.0m，需要铺设 400mm 厚土工合成材料，并进行机械压实，根据《房屋建筑与装饰工程工程量计算规范》(GB 50854—2013) 的规定，正确的项目列项或工程量计算是(　　)。

A. 铺设土工合成材料的工程量为 896m^3　　B. 铺设土工合成材料的工程量为 2240m^2

C. 强夯地基工程量按一般土方项目列项　　D. 强夯地基工程量为 896m^3

5. 根据《房屋建筑与装饰工程工程量计算规范》(GB 50854—2013) 的规定，关于地基处理工程量计算的说法，正确的是(　　)。

A. 振冲桩（填料）按设计图示处理范围以面积计算

B. 砂石桩按设计图示尺寸以桩长（不包括桩尖）计算

C. 水泥粉煤灰碎石桩按设计图示尺寸以体积计算

D. 深层搅拌桩按设计图示尺寸以桩长计算

6. 根据《房屋建筑与装饰工程工程量计算规范》(GB 50854—2013) 的规定，关于基坑支护工程量计算的说法，正确的是(　　)。

A. 地下连续墙按设计图示墙中心线长度以米计算

B. 预制钢筋混凝土板桩按设计图示数量以根计算

C. 钢板桩按设计图示数量以根计算

D. 喷射混凝土按设计图示面积乘以喷层厚度以体积计算

二、实务题

某工厂基底为可塑黏土（三类土），采用水泥粉煤灰碎石桩（CFG 桩）进行地基处理，桩径 400mm，桩体强度等级 C20，根数 52 根，设计长度 10m，桩端进入硬塑黏土不少于 1.5m，桩顶在地面以下 1.5～2.0m，CFG 桩采用震动沉管灌注桩施工，桩顶采用 200mm 厚人工级配砂石（砂：碎石＝3：7，最大粒径 30mm）作为褥垫层，如图 2.3.4 和图 2.3.5 所示。请根据工程量计算规范计算 CFG 桩、褥垫层及截桩头工程量。

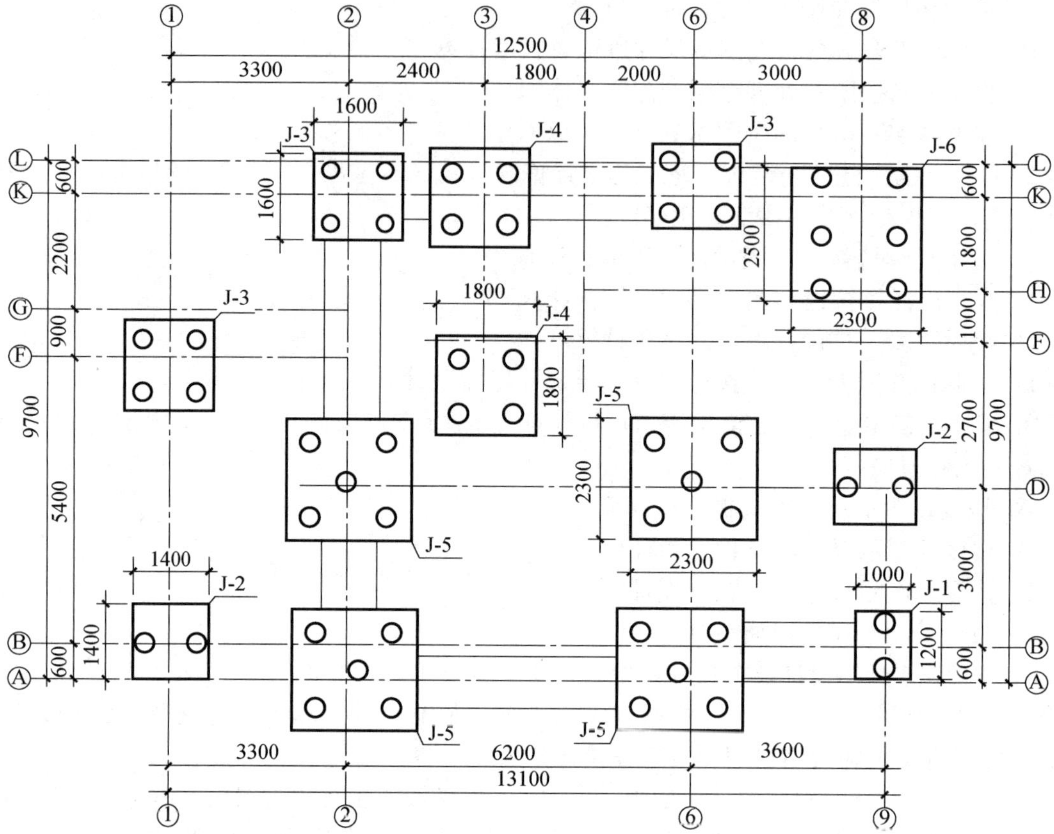

图 2.3.4　某工厂 CFG 桩平面图

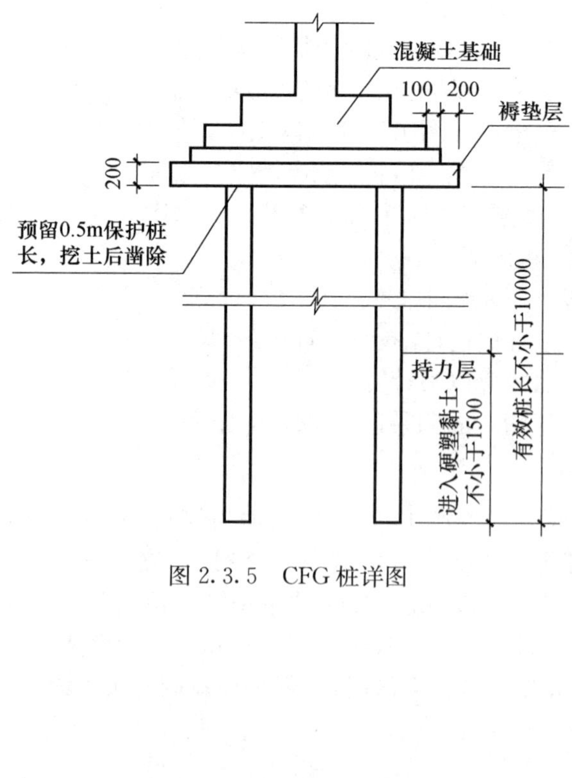

图 2.3.5　CFG 桩详图

参考答案

一、单项选择题

1.D　2.A　3.C　4.B　5.D　6.B

二、实务题

水泥粉煤灰碎石桩：$L=52\times10=520(\text{m})$

褥垫层：J-1：$1.8\times1.6\times1=2.88(\text{m}^2)$

J-2：$2.0\times2.0\times2=8.00(\text{m}^2)$

J-3：$2.2\times2.2\times3=14.52(\text{m}^2)$

J-4：$2.4\times2.4\times2=11.52(\text{m}^2)$

J-5：$2.9\times2.9\times4=33.64(\text{m}^2)$

J-6：$2.9\times3.1\times1=8.99(\text{m}^2)$

$S=2.88+8.00+14.52+11.52+33.64+8.99=79.55(\text{m}^2)$

截（凿）桩头：$n=52$(根)

(三) 桩基础工程

考纲要求

掌握打桩及灌注桩相应工程量的计算。

考点汇总

桩基础工程包括打桩、灌注桩。

1. 打桩

(1) 预制钢筋混凝土方桩、预制钢筋混凝土管桩的工程量计算规则有三种：以米计量，按设计图示尺寸以桩长（包括桩尖）计算；以立方米计量，按设计图示截面积乘以桩长（包括桩尖）以实体积计算；以根计量，按设计图示数量计算。

(2) 钢管桩的工程量计算规则有两种：以吨计量，按设计图示尺寸以质量计算；以根计量，按设计图示数量计算。

(3) 截（凿）桩头的工程量计算规则有两种：以立方米计量，按设计桩截面积乘以桩头长度以体积计算；以根计量，按设计图示数量计算。

2. 灌注桩

(1) 泥浆护壁成孔灌注桩、沉管灌注桩、干作业成孔灌注桩的工程量计算规则有三种：以米计量，按设计图示尺寸以桩长（包括桩尖）计算；以立方米计量，按不同截面在桩上范围内以体积计算；以根计量，按设计图示数量计算。

(2) 挖孔桩土（石）方的工程量按设计图示尺寸（含护壁）截面积乘以挖孔深度以立方米计算。

(3) 人工挖孔灌注桩的工程量计算规则有两种：以立方米计量，按桩芯混凝土体积计算；以根计量，按设计图示数量计算。

（4）钻孔压浆桩的工程量计算规则有两种：以米计量，按设计图示尺寸以桩长计算；以根计量，按设计图示数量计算。

（5）灌注桩后压浆的工程量按设计图示以注浆孔数计算。

习题精选

一、单项选择题

1. 根据《房屋建筑与装饰工程工程量计算规范》（GB 50854—2013）的规定，钻孔压浆桩的工程量应（　　）。

A. 按设计图示尺寸以桩长计算　　B. 按设计图示以注浆体积计算

C. 以钻孔深度（含空钻长度）计算　　D. 按设计图示尺寸以体积计算

2. 根据《房屋建筑与装饰工程工程量计算规范》（GB 50854—2013）的规定，关于桩基础的项目列项或工程量计算的说法，正确的是（　　）。

A. 预制钢筋混凝土管桩试验桩应在工程量清单中单独列项

B. 预制钢筋混凝土方桩试验桩工程量应并入预制钢筋混凝土方桩项目

C. 现场凿截桩头工程量不单独列项，并入桩工程量计算

D. 挖孔桩土方按设计桩长（包括桩尖）以米计算

二、实务题

某工程采用人工挖孔桩基础，尺寸如图 2.3.6 所示，共 10 根，强度等级为 C25，桩芯采用商品混凝土，强度等级为 C25。地层自上而下：卵石层（四类土）厚 5～7m，强风化泥岩（及软岩）厚 3～5m，以下为中风化泥岩（软岩）。请根据工程量计算规范计算挖孔桩土方、人工挖孔灌注桩的工程量。

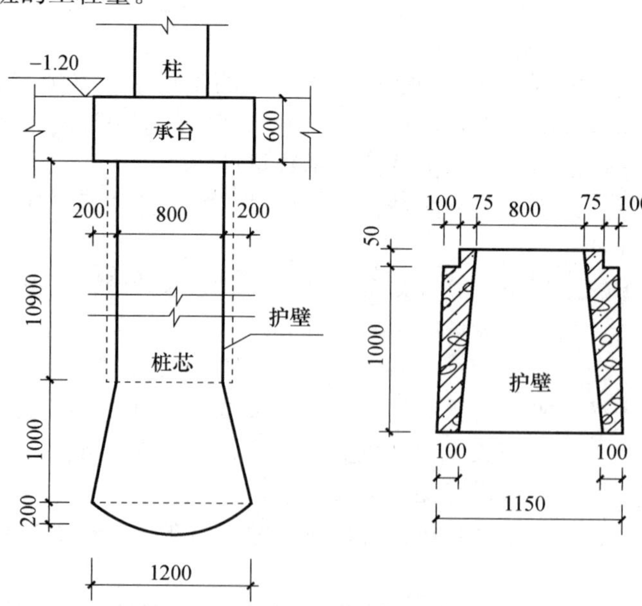

图 2.3.6　某桩基工程示意

参考答案

一、单项选择题

1. A　　2. A

二、实务题

(1) 挖孔桩土（石）方：

① 直芯 $V_1=\pi\times(1.150\div2)^2\times10.9=11.32(m^3)$

② 扩大头 $V_2=1/3\times1\times(\pi\times0.4^2+\pi\times0.6^2+\pi\times0.4\times0.6)$

$=1/3\times1\times3.14\times(0.4^2+0.6^2+0.4\times0.6)=0.80(m^3)$

③ 扩大头球冠 $V_3=\pi\times0.2^2\times(R-0.2\div3)$

$R=(0.6^2\times0.2^2)\div(2\times0.2)=1(m)$

$V_3=3.14\times0.2^2\times(1-0.2\div3)=0.12(m^3)$

$V=V_1+V_2+V_3=(11.32+0.8+0.12)\times10=122.40(m^3)$

(2) 人工挖孔灌注桩：

① 护桩壁 C20 混凝土 $V=\pi\times[(1.15\div2)^2-(0.875\div2)^2]\times10.9\times10=\pi\times(0.575^2-0.4375^2)\times10.9\times10=47.65(m^3)$

② 桩芯混凝土 $V=122.4-47.65=74.75(m^3)$

（四）砌筑工程

考纲要求

掌握砖墙、砖基础、砌块墙体及垫层工程量的计算。

考点汇总

砌筑工程包括砖砌体、砌块砌体、石砌体、垫层。

1. 砖砌体

砖砌体项目的有关说明：

① 基础与墙身（柱身）的划分：基础与墙（柱）身使用同一种材料时，以设计室内地面为界（有地下室者，以地下室室内设计地面为界），以下为基础，以上为墙（柱）身。基础与墙身使用不同材料时，位于设计室内地面高度小于或等于±300mm 时，以不同材料为分界线；高度大于±300mm 时，以设计室内地面为分界线。

② 砖围墙以设计室外地坪为界，以下为基础，以上为墙身。

③ 在进行砖砌体工程量计算时，墙厚应按标准砖墙体厚度计算，如表 2.3.4 所示。

表 2.3.4　标准砖墙体厚度

类型	$\frac{1}{4}$砖	$\frac{1}{2}$砖	1 砖	$1\frac{1}{2}$砖	2 砖	$2\frac{1}{2}$砖	3 砖
墙厚（mm）	53	115	240	365	490	615	740

（1）砖基础的工程量按设计图示尺寸以体积计算，包括附墙垛基础宽出部分体积，扣除地梁（圈梁）、构造柱所占体积，不扣除基础大放脚T形接头处的重叠部分及嵌入基础内的钢筋、铁件、管道、基础砂浆防潮层和单个面积小于或等于0.3m²的孔洞所占体积，靠墙暖气沟的挑檐不增加。

基础长度：外墙按外墙中心线，内墙按内墙净长线计算。

条形砖基础工程量可用式（2.3.1）计算：

基础体积＝墙厚×(设计基础高度＋折加高度)×基础长度－柱及地梁体积（2.3.1）

（2）砖砌挖孔桩护壁的工程量按设计图示尺寸以立方米计算。

（3）实心砖墙、多孔砖墙、空心砖墙：

1）工程量按设计图示尺寸以体积计算。扣除门窗、洞口、嵌入墙内的钢筋混凝土柱、梁、圈梁、挑梁、过梁及凹进墙内的壁龛、管槽、暖气槽、消火栓箱所占体积，不扣除梁头、板头、檩头、垫木、木楞头、沿缘木、木砖、门窗走头、砖墙内加固钢筋、木筋、铁件、钢管及单个面积小于或等于0.3m²的孔洞所占的体积。凸出墙面的腰线、挑檐、压顶、窗台线、虎头砖、门窗套的体积亦不增加。凸出墙面的砖垛并入墙体体积内计算。

其工程量可用式（2.3.2）计算：

墙身体积＝(墙身长度×高度－门窗洞口面积)×墙厚－
钢筋混凝土柱、圈梁、过梁等体积＋垛、附墙烟道等体积（2.3.2）

2）墙长度的确定：外墙按中心线、内墙按净长计算。

3）墙高度的确定：

① 外墙：斜（坡）屋面无檐口天棚者算至屋面板底；有屋架且室内外均有天棚者算至屋架下弦底另加200mm；无天棚者算至屋架下弦底另加300mm，出檐宽度超过600mm时按实砌高度计算；与钢筋混凝土楼板隔层者算至板顶。平屋顶算至钢筋混凝土板底。

② 内墙：位于屋架下弦者，算至屋架下弦底；无屋架者算至天棚底另加100mm；有钢筋混凝土楼板隔层者算至楼板顶；有框架梁时算至梁底。

③ 女儿墙：从屋面板上表面算至女儿墙顶面（如有混凝土压顶时算至压顶下表面）。

④内、外山墙：按其平均高度计算。

4）框架间墙：不分内外墙工程量按墙体净尺寸以体积计算。

5）围墙：高度算至压顶上表面（如有混凝土压顶时算至压顶下表面），围墙柱并入围墙体积内。

（4）空斗墙、空花墙、填充墙：

1）空斗墙的工程量按设计图示尺寸以空斗墙外形体积计算。墙角、内外墙交接处、门窗洞口立边、窗台砖、屋檐处的实砌部分体积并入空斗墙体积内。

2）空花墙的工程量按设计图示尺寸以空花部分外形体积计算，不扣除空洞部分体积。空花墙项目适用于各种类型的空花墙，使用混凝土花格砌筑的空花墙，实砌墙体与混凝土花格应分别计算，混凝土花格按混凝土及钢筋混凝土中预制构件相关项目编码列项。

3）填充墙的工程量按设计图示尺寸以填充墙外形体积计算。

（5）实心砖柱、多孔砖柱的工程量按设计图示尺寸以体积计算。扣除混凝土及钢筋混凝土梁垫、梁头、板头所占体积。

（6）砖检查井的工程量按设计图示数量计算。

（7）零星砌砖：框架外表面的镶贴砖部分，空斗墙的窗间墙、窗台下、楼板下、梁头下等的实砌部分，台阶、台阶挡墙、梯带、锅台、炉灶、蹲台、池槽、池槽腿、砖胎模、花台、花池、楼梯栏板、阳台栏板、地垄墙、小于或等于 0.3m^2的孔洞填塞等，应按零星砌砖项目编码列项。

工程量计算规则有四种：

以立方米计量，按设计图示尺寸截面积乘以长度计算。

以平方米计量，按设计图示尺寸水平投影面积计算。

以米计量，按设计图示尺寸长度计算。

以个计量，按设计图示数量计算。

（8）砖散水（地坪）的工程量按设计图示尺寸以面积计算。

（9）砖地沟（明沟）的工程量以米计量，按设计图示以中心线长度计算。

2. 砌块砌体

工程量计算时，砌块墙和砌块柱分部与实心砖墙和实心砖柱一致。

3. 石砌体

工程量计算方法，同砖砌体基本一致。

4. 垫层

工程量按设计图示尺寸以立方米计算，如灰土垫层、楼地面垫层等，但混凝土垫层应按混凝土及钢筋混凝土工程中相关项目编码列项。

习题精选

一、单项选择题

1. 根据《房屋建筑与装饰工程工程量计算规范》(GB 50854—2013）的规定，关于砖砌体工程量计算的说法，正确的是(　　)。

A. 空斗墙按设计尺寸墙体外形体积计算，其中门窗洞口立边的实砌部分不计入

B. 空花墙按设计尺寸以墙体外形体积计算，其中空洞部分体积应予以扣除

C. 实心砖柱按设计尺寸以柱体积计算，钢筋混凝土梁垫、梁头所占体积应予以扣除

D. 空心砖围墙中心线长乘以墙高以面积计算

2. 根据《房屋建筑与装饰工程工程量计算规范》(GB 50854—2013）的规定，关于石砌体工程量计算的说法，正确的是(　　)。

A. 石台阶按设计图示水平投影面积计算

B. 石走道按水平投影面积乘以平均以体积计算

C. 石地沟、明沟按设计力求水平投影面积计算

D. 一般石栏杆按设计图示尺寸以长度计算

3. 根据《房屋建筑与装饰工程工程量计算规范》(GB 50854—2013）的规定，关于砌体工程量计算的说法，正确的是(　　)。

A. 砖基础工程量中不含基础砂浆防潮层所占的体积

B. 使用同一种材料的基础与墙身以设计室内地面为分界

C. 实心砖墙的工程量中不应计入凸出墙面的砖垛体积

D. 坡屋面有屋架的外墙高由基础顶面算至屋架下弦底面

4. 根据《房屋建筑与装饰工程工程量计算规范》（GB 50854—2013）的规定，关于砌体墙高度计算的说法，正确的是(　　)。

A. 外墙从基础顶面算至平屋面板底面

B. 女儿墙从屋面板顶面算至压顶顶面

C. 围墙从基础顶面算至混凝土压顶上表面

D. 外山墙从基础顶面算至山墙最高点

5. 根据《房屋建筑与装饰工程工程量计算规范》（GB 50854—2013）的规定，关于石砌体工程量计算的说法，正确的是(　　)。

A. 挡土墙按设计图示中心线长度计算

B. 勒脚工程量按设计图示尺寸以延长米计算

C. 石围墙内外地坪标高之差为挡土墙墙高时，墙身与基础以较低地坪标高为界

D. 石护坡工程量按设计图示尺寸以体积计算

二、实务题

某工程±0.00 以下条形基础平面图、剖面大样图如图 2.3.7 所示。室内外高差为 300mm，室外标高为－0.30m。请根据工程量计算规范确定该工程石基础、砖基础的分部分项工程量。

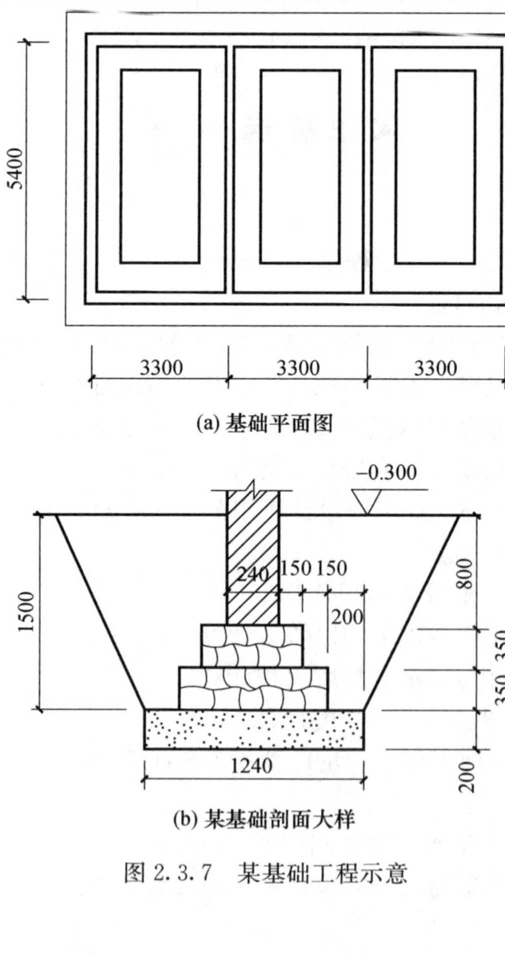

图 2.3.7　某基础工程示意

参考答案

一、单项选择题

1. C　2. D　3. B　4. A　5. D

二、实务题

（1）计算基数。

$L_{中}=(3.30\times3+5.40)\times2=30.60(m)$

$L_{内}=(5.40-0.24)\times2=10.32(m)$

（2）计算砖基础工程量。

砖基础工程量 $=(0.80+0.30)\times0.24\times(30.60+10.32)=10.80(m^3)$

（3）计算毛石基础工程量。

毛石外墙基础工程量 $=[(1.24-0.20\times2)\times0.35+(0.84-0.15\times2)\times0.35]\times30.60$
$=14.78(m^3)$

毛石内墙基础工程量 $=(1.24-0.20\times2)\times0.35\times(5.40-0.84)+(0.84-0.15\times2)\times$
$0.35\times(5.40-0.54)=2.26(m^3)$

合计：$14.78+2.26=17.04(m^3)$

（五）混凝土及钢筋混凝土工程

考纲要求

1. 掌握现浇混凝土基础工程量的计算。
2. 掌握现浇混凝土柱、梁、墙、板工程量的计算。
3. 掌握现浇混凝土楼梯工程量的计算。
4. 掌握现浇混凝土其他构件、后浇带工程量的计算。
5. 熟悉预制混凝土构件的工程量计算规则。
6. 熟悉钢筋工程工程量的计算。

考点汇总

1. 现浇混凝土基础

现浇混凝土基础包括垫层、带形基础、独立基础、满堂基础、桩承台基础、设备基础等项目。工程量按设计图示尺寸以体积计算，不扣除伸入承台基础的桩头、构件内钢筋、预埋铁件所占体积。

垫层项目适用于基础现浇混凝土垫层；有肋带形基础、无肋带形基础应分别编码列项，并注明肋高；箱式满堂基础及框架式设备基础中柱、梁、墙、板按现浇混凝土柱、梁、墙、板分别编码列项；箱式满堂基础底板按满堂基础项目列项；框架设备基础的基础部分按设备基础项目列项。

2. 现浇混凝土柱

现浇混凝土柱包括矩形柱、构造柱、异形柱等项目。工程量按设计图示尺寸以体积计算，不扣除构件内钢筋、预埋铁件所占体积。柱高按以下规定计算：

（1）有梁板的柱高，应自柱基上表面（或楼板上表面）至上一层楼板上表面之间的高度计算。

（2）无梁板的柱高，应自柱基上表面（或楼板上表面）至柱帽下表面之间的高度计算。

（3）框架柱的柱高，应自柱基上表面至柱顶高度计算。

（4）构造柱按全高计算，嵌接墙体部分（马牙槎）并入柱身体积。

（5）依附柱上的牛腿和升板的柱帽，并入柱身体积计算。

3. 现浇混凝土梁

工程量按设计图示尺寸以体积计算，不扣除构件内钢筋、预埋铁件所占体积，伸入墙内的梁头、梁垫并入梁体积内。

梁长的确定：梁与柱连接时，梁长算至柱侧面；主梁与次梁连接时，次梁长算至主梁侧面。

4. 现浇混凝土墙

工程量按设计图示尺寸以体积计算，不扣除构件内钢筋、预埋铁件所占体积，扣除门窗洞口及单个面积大于 0.3m^2的孔洞所占体积，附墙的暗柱、暗梁、墙垛及突出墙面部分并入墙体体积计算。

其中，短肢剪力墙是指截面厚度不大于 300mm，各肢截面高度与厚度之比的最大值大于 4 但不大于 8 的剪力墙；各肢截面高度与厚度之比的最大值不大于 4 的剪力墙按柱项目编码列项。

5. 现浇混凝土板

现浇混凝土板包括有梁板、无梁板、平板、拱板、薄壳板、栏板、天沟（檐沟）及挑檐板、雨篷、悬挑板及阳台板、空心板、其他板等项目。

（1）有梁板、无梁板、平板、拱板、薄壳板、栏板的工程量按设计图示尺寸以体积计算，不扣除构件内钢筋、预埋铁件及单个面积小于或等于 0.3m^2 的柱、垛以及孔洞所占体积；压形钢板混凝土楼板扣除构件内压形钢板所占体积。有梁板（包括主、次梁与板）按梁、板体积之和计算。无梁板按板和柱帽体积之和计算。各类板伸入砌体墙内的板头并入板体积内，薄壳板的肋、基梁并入薄壳体积内计算。

（2）天沟（檐沟）及挑檐板的工程量按设计图示尺寸的以体积计算。

（3）雨篷、悬挑板及阳台板的工程量按设计图示尺寸以墙外部分体积计算。包括伸出墙外的牛腿和雨篷反挑檐的体积，不扣除构件内钢筋、预埋铁件及板中 0.3m^2 以内的孔洞所占体积。

现浇挑檐、天沟板、雨篷、阳台与板（包括屋面板、楼板）连接时，以外墙外边线为分界线；与圈梁（包括其他梁）连接时，以梁外边线为分界线。外边线以外为挑檐、天沟、雨篷或阳台。

（4）空心板的工程量按设计图示尺寸以体积计算。空心板（GBF 高强薄壁蜂巢芯板等）应扣除空心部分体积，不扣除构件内钢筋、预埋铁件及板中 0.3m^2 以内的孔洞所占体积。

（5）其他板的工程量按设计图示尺寸以立方米计算，不扣除构件内钢筋、预埋铁件及板中 0.3m^2 以内的孔洞所占体积。

6. 现浇混凝土楼梯

现浇混凝土楼梯包括直形楼梯、弧形楼梯。工程量计算规则有两种：工程量以平方米计量，按设计图示尺寸的水平投影面积计算，不扣除宽度小于或等于 500mm 的楼梯井，伸入墙内部分不计算；以立方米计量，按设计图示尺寸以体积计算。

室外整体楼梯按墙外的水平投影面积计算。

整体楼梯（包括直形楼梯、弧形楼梯）水平投影面积包括休息平台、平台梁、斜梁和楼梯的连接梁。当整体楼梯与现浇楼板无梯梁连接时，以楼梯的最后一个踏步边缘加 300mm 为界。

7. 现浇混凝土其他构件

现浇混凝土其他构件包括散水与坡道、室外地坪、电缆沟与地沟、台阶、扶手与压顶、化粪池与检查井、其他构件。

（1）散水、坡道、室外地坪的工程量按设计图示尺寸的水平投影以面积计算，不扣除单个小于或等于 0.3m^2 的孔洞所占面积。

（2）电缆沟与地沟的工程量按设计图示以中心线长度计算。

（3）台阶的工程量计算规则有两种：以平方米计量，按设计图示尺寸水平投影面积计算；以立方米计量，按设计图示尺寸以体积计算。架空式混凝土台阶，按现浇楼梯计算。

（4）扶手、压顶的工程量计算规则有两种：以米计量，按设计图示的中心线延长米计算；以立方米计量，按设计图示尺寸以体积计算。

（5）化粪池、检查井、其他构件的工程量计算规则有两种：按设计图示尺寸以体积计算；以座计量，按设计图示数量计算。现浇混凝土小型池槽、垫块、门框等，应按其他构件项目编码列项。

8. 后浇带

按设计图示尺寸体积计算，不扣除构件内钢筋、预埋铁件及墙、板中 0.3m^2 以内的孔洞所占体积。

9. 预制混凝土柱

预制混凝土柱包括矩形柱、异形柱。工程量计算规则有两种：以立方米计量，按设计图示尺寸以体积计算；以根计量，按设计图示尺寸以数量计算。

10. 预制混凝土梁

预制混凝土梁包括矩形梁、异形梁、过梁、拱形梁、鱼腹式吊车梁、其他梁。工程量计算规则有两种：以立方米计量，按设计图示尺寸以体积计算；以根计量，按设计图示尺寸以数量计算。

11. 预制混凝土屋架

预制混凝土屋架包括折线型屋架、组合屋架、薄腹屋架、门式刚架屋架、天窗架。工程量计算规则有两种：以立方米计量，按设计图示尺寸以体积计算；以榀计量，按设计图示尺寸以数量计算。

12. 预制混凝土板

预制混凝土板包括平板、空心板、槽形板、网架板、折线板、带肋板、大型板、沟盖板、井盖板、井圈。以块、套计量，必须描述单件体积。不带肋的预制遮阳板、雨篷板、挑檐板、拦板等，应按平板项目编码列项。预制 F 形板、双 T 形板、单肋板和带反挑檐的雨篷板、挑檐板、遮阳板等，应按带肋板项目编码列项。预制大型墙板、大型楼板、大型屋面板等，按大型板项目编码列项。

（1）平板、空心板、槽形板、网架板、折线板、带肋板、大型板。工程量计算规则有两种：以立方米计量，按设计图示尺寸以体积计算。不扣除单个面积小于或等于 300mm×300mm 的孔洞所占体积，扣除空心板空洞体积；以块计量，按设计图示尺寸以数量计算。

（2）沟盖板、井盖板、井圈。以立方米计量，按设计图示尺寸以体积计算；以块计量，按设计图示尺寸以数量计算。

13. 预制混凝土楼梯

工程量计算规则有两种：以立方米计量，按设计图示尺寸以体积计算，扣除空心踏步板空洞体积；以段计量，按设计图示数量计算。

14. 其他预制构件

其他预制构件包括垃圾道、通风道、烟道、其他构件。以块、根计量，必须描述单件体积。预制钢筋混凝土小型池槽、压顶扶手、垫块、隔热板、花格等，按其他构件项目编码列项。

工程量计算规则有三种：以立方米计量，按设计图示尺寸以体积计算。不扣除单个面积小于或等于 300mm×300mm 的孔洞所占体积，扣除烟道、垃圾道、通风道的孔洞所占体积；以平方米计量，按设计图示尺寸以面积计算，不扣除单个面积小于或等于 300mm×300mm 的孔洞所占面积；以根计量，按设计图示尺寸以数量计算。

15. 钢筋工程

钢筋工程包括现浇构件钢筋、预制构件钢筋、钢筋网片、钢筋笼、先张法预应力钢筋、后张法预应力钢筋、预应力钢丝、预应力钢绞线、支撑钢筋（铁马）、声测管。

现浇构件中伸出构件的锚固钢筋应并入钢筋工程量内。除设计（包括规范规定）标明的搭接外，其他施工搭接不计算工程量，在综合单价中综合考虑。现浇构件中固定位置的支撑钢筋、双层钢筋用的“铁马”在编制工程量清单时，如果设计未明确，其工程数量可为暂估量，结算时按现场签证数量计算。

（1）现浇构件钢筋、预制构件钢筋、钢筋网片、钢筋笼的工程量按设计图示钢筋（网）长度（面积）乘以单位理论质量计算。

（2）先张法预应力钢筋的工程量按设计图示钢筋长度乘以单位理论质量计算。

（3）后张法预应力钢筋、预应力钢丝、预应力钢绞线的工程量按设计图示钢筋（丝束、绞线）长度乘以单位理论质量计算。

1）低合金钢筋两端均采用螺杆锚具时，钢筋长度按孔道长度减 0.35m 计算，螺杆另行计算。

2）低合金钢筋一端采用镦头插片，另一端采用螺杆锚具时，钢筋长度按孔道长度计算，螺杆另行计算。

3）低合金钢筋一端采用镦头插片，另一端采用帮条锚具时，钢筋增加 0.15m 计算；两端均采用帮条锚具时，钢筋长度按孔道长度增加 0.3m 计算。

4）低合金钢筋采用后张混凝土自锚时，钢筋长度按孔道长度增加 0.35m 计算。

5）低合金钢筋（钢绞线）采用 JM、XM、QM 型锚具，孔道长度小于或等于 20m 时，钢筋长度增加 1m 计算，孔道长度大于 20m 时，钢筋长度增加 1.8m 计算。

6）碳素钢丝采用锥形锚具，孔道长度小于或等于 20m 时，钢丝束长度按孔道长度增加

1m 计算，孔道长度大于 20m 时，钢丝束长度按孔道长度增加 1.8m 计算。

7）碳素钢丝采用镦头锚具时，钢丝束长度按孔道长度增加 0.35m 计算。

（4）支撑钢筋（铁马）的工程量按钢筋长度乘以单位理论质量计算。

（5）声测管的工程量按设计图示尺寸以质量计算。

16. 螺栓、铁件

螺栓、铁件包括螺栓、预埋铁件、机械连接。螺栓、预埋铁件工程量按设计图示尺寸以质量计算。机械连接按数量计算。编制工程量清单时，如果设计未明确，其工程数量可为暂估量，实际工程量按现场签证数量计算。

习题精选

一、单项选择题

1. 根据《房屋建筑与装饰工程工程量计算规范》（GB 50854—2013）的规定，关于现浇混凝土板工程量计算的说法，正确的是（　　）。

A. 圈梁区分不同断面按设计中心线长度计算

B. 过梁工程不单独计算，并入墙体工程量计算

C. 异形梁设计图示尺寸以体积计算

D. 拱形梁按设计拱形轴线长度计算

2. 根据《房屋建筑与装饰工程工程量计算规范》（GB 50854—2013）的规定，关于现关于浇混凝土板工程量计算的说法，正确的是（　　）。

A. 空心板按图示尺寸以体积计算，扣除空心所占面积

B. 雨篷板从外墙内侧算至雨篷板结构外边线按面积计算

C. 阳台板按墙体中心线以外部分图示面积计算

D. 天沟板按设计图示尺寸中心线长度计算

3. 根据《房屋建筑与装饰工程工程量计算规范》（GB 50854—2013）的规定，关于预制混凝土构件工程量计算的说法，正确的是（　　）。

A. 如以构件数量作为计量单位，特征描述中必须说明单件体积

B. 异形柱应扣除构件内预埋铁件所占体积，铁件另计

C. 大型板应扣除单个尺寸小于或等于 300mm×300mm 的孔洞所占体积

D. 空心板不扣除空洞体积

4. 根据《房屋建筑与装饰工程工程量计算规范》（GB 50854—2013）的规定，关于预制混凝土构件工程量计算的说法，正确的是（　　）。

A. 过梁按照设计图示尺寸以中心线长度计算

B. 平板按照设计图示以水平投影面积计算

C. 楼梯按照设计图示尺寸以体积计算

D. 井盖板按设计图示尺寸以面积计算

5. 根据《房屋建筑与装饰工程工程量计算规范》（GB 50854—2013）的规定，钢筋工程中钢筋网片工程量（　　）。

A. 不单独计算

B. 按设计图以数量计算

C. 按设计图示面积乘以单位理论质量计算

D. 按设计图示尺寸以片计算

6. 根据《房屋建筑与装饰工程工程量计算规范》(GB 50854—2013) 的规定，某钢筋混凝土梁长为 12000mm。设计保护层厚为 25mm，钢筋为Φ10@300，则该梁所配钢筋数量应为(　　)。

A. 40 根　　B. 41 根　　C. 42 根　　D. 300 根

7. 根据《房屋建筑与装饰工程工程量计算规范》(GB 50854—2013) 的规定，关于现浇混凝土基础的项目列项或工程量计算的说法，正确的是(　　)。

A. 箱式满堂基础中的墙按现浇混凝土墙列项

B. 箱式满堂基础中的梁按满堂基础列项

C. 框架设备基础的基础部分按现浇混凝土墙列项

D. 框架设备基础的柱和梁按按设备基础列项

8. 根据《房屋建筑与装饰工程工程量计算规范》(GB 50854—2013) 的规定，关于现浇混凝土柱工程量计算的说法，正确的是(　　)。

A. 有梁板的柱按设计图示截面积乘以柱基以上表面或楼板上表面至上一层楼板底面之间的高度以体积计算

B. 无梁板的柱按设计图示截面积乘以柱基以上表面或楼板上表面至柱帽下表面之间的高度以体积计算

C. 框架柱按柱基上表面至柱顶高度以米计算

D. 构造柱按设计柱高以米计算

9. 根据《房屋建筑与装饰工程工程量计算规范》(GB 50854—2013) 的规定，关于现浇混凝土板工程量计算的说法，正确的是(　　)。

A. 栏板按设计图示尺寸以面积计算

B. 雨蓬按设计外墙中心线外图示体积计算

C. 阳台板按设计外墙中心线外图示面积计算

D. 散水按设计图示尺寸以面积计算

10. 根据《房屋建筑与装饰工程工程量计算规范》(GB 50854—2013) 的规定，关于现浇混凝土柱工程量计算的说法，正确的是(　　)。

A. 有梁板矩形独立柱工程量按柱设计截面积乘以自柱基底面至板面高度以体积计算

B. 无梁板矩形柱工程量按柱设计截面积乘以自楼板上表面至柱帽上表面高度以体积计算

C. 框架柱工程量按柱设计截面积乘以自柱基底面至柱顶面高度以体积计算

D. 构造柱按设计尺寸自柱底面至顶面全高以体积计算

11. 根据《房屋建筑与装饰工程工程量计算规范》(GB 50854—2013) 的规定，关于预制混凝土构件工程量计算的说法，正确的是(　　)。

A. 预制组合屋架，按设计图示尺寸以体积计算，不扣除预埋铁件所占体积

B. 预制网架板，按设计图示尺寸以体积计算，不扣除空洞占体积

C. 预制空心板，按设计图示尺寸以体积计算，不扣除空心板空洞占体积

D. 预制混凝土楼梯，按设计图示尺寸以体积计算，不扣除空心踏步板空洞体积

二、多项选择题

1. 根据《房屋建筑与装饰工程工程量计算规范》（GB 50854—2013）的规定，关于现浇混凝土构件工程量计算的说法，正确的有（　　）。

A. 电缆沟、地沟按设计图示尺寸以面积计算

B. 台阶按设计图示尺寸以水平投影面积或体积计算

C. 压顶按设计图示尺寸以水平投影面积计算

D. 扶手按设计图示尺寸以体积计算

E. 检查井按设计图示尺寸以体积计算

2. 关于现浇混凝土墙工程量计算的说法，正确的有（　　）。

A. 一般的短肢剪力墙，按设计图示尺寸以体积计算

B. 直形墙、挡土墙按设计图示尺寸以体积计算

C. 弧形墙按墙厚不同以展开面积计算

D. 墙体工程量应扣除预埋铁件所占体积

E. 墙垛及突出墙面部分的体积不计算

三、实务题

1. 图 2.3.8 为有梁式条形基础，计算其混凝土工程量。

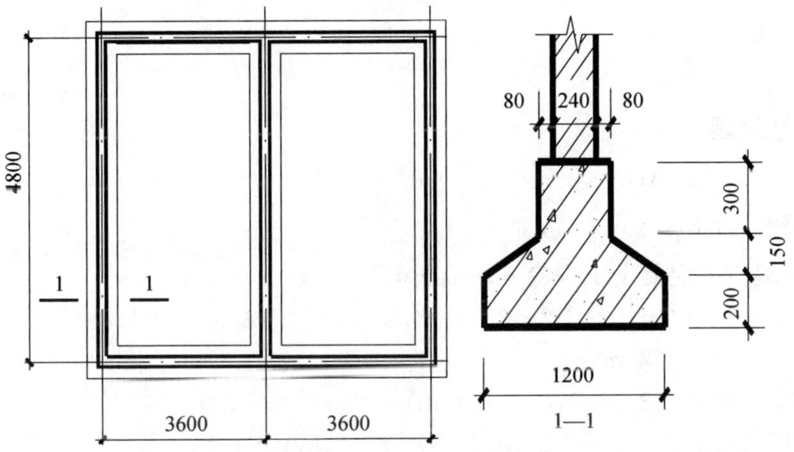

图 2.3.8　某基础工程示意

2. 某工程的三层结构平面图如图 2.3.9 所示。板厚 100mm，二层楼板上表面标高为 3.3m，图中混凝土构件相关尺寸如表 2.3.5 所示。试根据工程量计算规范求出本工程混凝土构件的工程量。

表 2.3.5　混凝土构件尺寸

构件名称	构件尺寸（mm×mm）
KZ	400×400
KL1	250×550（宽×高）
KL2	300×600（宽×高）
L1	250×500（宽×高）

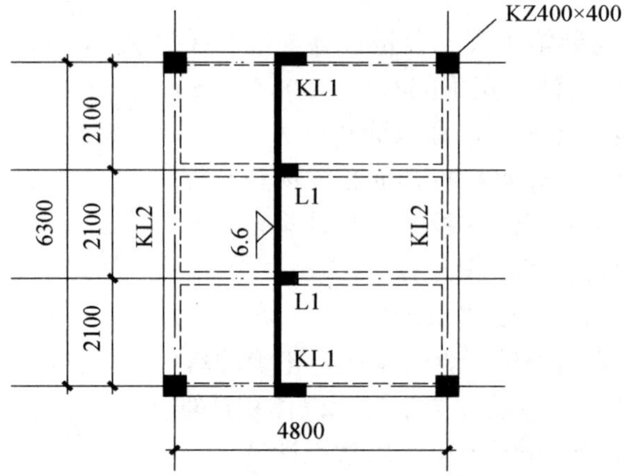

图 2.3.9　某工程三层结构平面图

参考答案

一、单项选择题

1. C　2. A　3. A　4. C　5. C　6. B　7. A　8. B　9. D　10. D
11. A

二、多项选择题

1. BDE　2. AB

三、实务题

1. （1）外墙基础混凝土工程量＝基础断面积×$L_{中}$

＝[0.4×0.3＋(0.4＋1.2)÷2×0.15＋1.2×0.2]×(3.6×2＋4.8)×2

＝0.425×22.4＝10.2(m^3)

（2）梁间净长度＝4.8－0.2×2＝4.4(m)

斜坡中心线长度＝4.8－[(0.2＋0.6)÷2]×2＝4.0(m)

基底净长度＝4.8－0.6×2＝3.6(m)

内墙基础混凝土工程量＝内墙基础个部分面积×相应长度

＝0.4×0.3×4.4 ＋(0.4＋1.2)÷2×0.15×4.0＋1.2×0.2×3.6

＝0.528＋0.43＋0.76 ＝1.72(m^3)

2. （1）分析：由已知条件可知，本例设计的钢筋混凝土构件有框架柱（KZ）、框架梁（KL）、梁（L）及板，故本例应列混凝土项目为：矩形柱（KZ）、梁（KL1、KL2）、板（含 L1）。

（2）工程量计算：混凝土工程量＝构件设计图示体积。

① 矩形柱：V＝柱断面面积×柱高度×柱根数

＝0.4×0.4×3.3×4＝2.11(m^3)

② 梁：V＝梁宽度×梁高度×梁长度×根数

KL1：0.25×0.55×(4.8－0.2×2)×2＝1.21(m^3)

KL2：0.3×0.6×(6.3−0.2×2)×2＝2.12(m^3)

梁混凝土工程量＝1.21＋2.12＝3.33(m^3)

③ 板：V＝板长度×板宽度×板厚度−柱和梁所占体积＋并入次梁工程量

＝(6.3＋0.2×2)×(4.8＋0.2×2)×0.1−0.4×0.4×0.1×4−(4.8−0.2×2)×0.25×0.1×2−(6.3−0.2×2)×0.3×0.1×2＋0.25×(0.5−0.1)×(4.8＋0.2×2−0.3×2)×2

＝3.484−0.064−0.22−0.35＋0.92＝3.77(m^3)

(六) 金属结构工程

考纲要求

了解金属结构工程工程量的计算。

考点汇总

1. 钢网架

钢网架是由多根钢杆件按照一定的网格形式通过节点连接而成的空间结构。可用作体育馆、影剧院、展览厅、候车厅、体育场看台雨篷、飞机库、双向大柱网架结构距车间等建筑的屋盖。工程量按设计图示尺寸以质量计算，不扣除孔眼的质量，焊条、铆钉等不另增加质量。

2. 钢屋架、钢托架、钢桁架、钢架桥

(1) 钢屋架的工程量计算规则有两种：以榀计量，按设计图示数量计算；以吨计量，按设计图示尺寸以质量计算。不扣除孔眼的质量，焊条、铆钉、螺栓等不另增加质量。以榀计量，按标准图设计的应注明标准图代号，按非标准图设计的项目特征必须描述单榀屋架的质量。

(2) 钢托架、钢桁架的工程量按设计图示尺寸以质量计算。不扣除孔眼的质量，焊条、铆钉、螺栓等不另增加质量。

(3) 钢架桥的工程量按设计图示尺寸以质量计算。不扣除孔眼的质量，焊条、铆钉、螺栓等不另增加质量。

3. 钢柱

(1) 实腹钢柱、空腹钢柱的工程量按设计图示尺寸以质量计算。不扣除孔眼的质量，焊条、铆钉、螺栓等不另增加质量，依附在钢柱上的牛腿及悬臂梁等并入钢柱工程量内。

(2) 钢管柱的工程量按设计图示尺寸以质量计算。不扣除孔眼的质量，焊条、铆钉、螺栓等不另增加质量，钢管柱上的节点板、加强环、内衬管、牛腿等并入钢管柱工程量内。

4. 钢梁

钢梁包括钢梁、钢吊车梁。工程量按设计图示尺寸以质量计算。不扣除孔眼的质量，焊条、铆钉、螺栓等不另增加质量，制动梁、制动板、制动桁架、车挡并入钢吊车梁工程量内。

5. 钢板楼板、墙板

钢板楼板上浇筑钢筋混凝土，其混凝土和钢筋应按混凝土及钢筋混凝土工程中相关项目编码列项。压型钢楼板按钢板楼板项目编码列项。

（1）钢板楼板的工程量按设计图示尺寸以铺设水平投影面积计算。不扣除单个面积小于或等于 $0.3m^2$ 柱、垛及孔洞所占面积。

（2）钢板墙板的工程量按设计图示尺寸以铺挂展开面积计算。不扣除单个面积小于或等于 $0.3m^2$ 的梁、孔洞所占面积，包角、包边、窗台泛水等不另加面积。

6. 钢构件

（1）钢支撑、钢拉条、钢檩条、钢天窗架、钢挡风架、钢墙架、钢平台、钢走道、钢梯、钢护栏、钢支架、零星钢构件的工程量按设计图示尺寸以质量计算，不扣除孔眼的质量，焊条、铆钉、螺栓等不另增加质量。

（2）钢漏斗、钢板天沟的工程量按设计图示尺寸以质量计算，不扣除孔眼的质量，焊条、铆钉、螺栓等不另增加质量，依附漏斗或天沟的型钢并入漏斗或天沟工程量内。

7. 金属制品

（1）金属百页护栏、成品栅栏、金属网栏的工程量按设计图示尺寸以框外围展开面积计算。

（2）成品雨篷的工程量计算规则有两种：以米计量，按设计图示接触边以米计算；以平方米计量，按设计图示尺寸以展开面积计算。

（3）砌块墙钢丝网加固，后浇带金属网的工程量按设计图示尺寸以面积计算。

习题精选

一、单项选择题

1. 根据《房屋建筑与装饰工程工程量计算规范》(GB 50854—2013）的规定，关于金属结构工程量计算的说法，正确的是(　　)。

A. 钢吊车梁工程量包括制动梁、制动桁架工程量

B. 钢管柱按设计力求尺寸以质量计算，扣除加强环、内衬的工程量

C. 空腹钢柱按设计图示尺寸以长度计算

D. 实腹钢柱按图示尺寸的长度计算，牛腿和悬臂梁质量另计

2. 根据《房屋建筑与装饰工程工程量计算规范》(GB 50854—2013）的规定，钢屋架工程量计算应(　　)。

A. 不扣除孔眼的质量　　B. 按设计用量计算螺栓质

C. 按设计用量计算铆钉质量　　D. 计设计用量计算焊条质量

3. 根据《房屋建筑与装饰工程工程量计算规范》(GB 50854—2013）的规定，压型钢板楼板工程量应(　　)。

A. 按设计图示尺寸以体积计算

B. 扣除所有柱垛及孔洞所占面积

C. 按设计图示尺寸以铺设水平投影面积计算

D. 按设计图示尺寸以质量计算

4. 根据《房屋建筑与装饰工程工程量计算规范》(GB 50854—2013）的规定，关于金属结构工程量计算的说法，正确的是(　　)。

A. 钢桁架工程量应增加铆钉质量

B. 钢桁架工程量中应扣除切边部分质量

C. 钢屋架工程量中螺栓质量不另计算

D. 钢屋架工程量中应扣除孔眼质量

5. 根据《房屋建筑与装饰工程工程量计算规范》(GB 50854—2013) 的规定，关于金属结构工程量计算的说法，正确的是(　　)。

A. 钢管柱牛腿工程量列入其他项目中

B. 钢网架按设计图示尺寸以质量计算

C. 金属结构工程量应扣除孔眼、切边质量

D. 金属结构工程量应增加铆钉、螺栓质量

二、多项选择题

根据《房屋建筑与装饰工程工程量计算规范》(GB 50854—2013) 的规定，关于金属结构工程量计算的说法，正确的有(　　)。

A. 钢吊车梁工程量应计入制动板、制动梁、制动桁架和车挡的工程量

B. 钢梁工程量中不计算铆钉、螺栓工程量

C. 压型钢板墙板工程量不计算包角、包边

D. 钢板天沟按设计图示尺寸以长度计算

E. 成品雨篷按设计图示尺寸以质量计算

参考答案

一、单项选择题

1. A　　2. A　　3. C　　4. C　　5. B

二、多项选择题

ABC

(七) 木结构

考纲要求

了解木结构工程工程量的计算。

考点汇总

1. 木屋架

(1) 木屋架的工程量计算规则有两种：以榀计量，按设计图示数量计算；以立方米计量，按设计图示的规格尺寸以体积计算。

(2) 钢木屋架的工程量以榀计量，按设计图示数量计算。

2. 木构件

(1) 木柱、木梁的工程量按设计图示尺寸以体积计算。

（2）木檩、其他木构件的工程量以立方米计量，按设计图示尺寸以体积计算；以米计量，按设计图示尺寸以长度计算。

（3）木楼梯的工程量按设计图示尺寸以水平投影面积计算。不扣除宽度小于或等于300mm的楼梯井，伸入墙内部分不计算。

3. 屋面木基层

工程量按设计图示尺寸以斜面积计算，不扣除房上烟囱、风帽底座、风道、小气窗、斜沟等所占面积。小气窗的出檐部分不增加面积。

习题精选

单项选择题

1. 根据《房屋建筑与装饰工程工程量计算规范》（GB 50854—2013）的规定，钢木屋架工程应(　　)。

A. 按设计图示数量以榀计算

B. 按设计图示尺寸以体积计算

C. 按设计图示尺寸以下弦中心线长度计算

D. 按设计图示尺寸以上部屋面斜面积计算

2. 根据《房屋建筑与装饰工程工程量计算规范》（GB 50854—2013）的规定，有关木结构工程量计算的说法，正确的是(　　)。

A. 木屋架的跨度应与墙或柱的支撑点间的距离计算

B. 木屋架的马尾、折角工程量不予计算

C. 钢木屋架钢拉杆、连接螺栓不单独列项计算

D. 木柱区分不同规格以高度计算

参考答案

单项选择题

1. A　　2. C

(八) 门窗工程

考纲要求

熟悉门窗工程工程量的计算。

考点汇总

门窗工程工程量计算规则除特殊说明外，均可任选以下两种规则中的一种：以樘计量，按设计图示数量计算；以平方米计量，按设计图示洞口尺寸或框外围尺寸以面积计算。

1. 木门

(1) 木质门、木质门带套、木质连窗门、木质防火门：木质门带套计量按洞口尺寸以面积计算，不包括门套的面积，但门套应计算在综合单价中。

(2) 木门框：单独制作安装木门框按木门框项目编码列项。工程量计算规则有两种：以樘计量，按设计图示数量计算；以米计量，按设计图示框的中心线以延长米计算。

(3) 门锁安装的工程量按设计图示数量计算。

2. 金属门

3. 金属卷帘（闸）门

4. 厂库房大门、特种门

5. 其他门

6. 木窗

7. 金属窗

8. 门窗套

(1) 木门窗套、木筒子板、饰面夹板筒子板、金属门窗套、石材门窗套、成品木门窗套的工程量计算规则有三种：以樘计量，按设计图示数量计算；以平方米计量，按设计图示尺寸以展开面积计算；以米计量，按设计图示中心以延长米计算。

(2) 门窗木贴脸的工程量计算规则有两种：以樘计量，按设计图示数量计算；以米计量，按设计图示中心以延长米计算。

9. 窗台板

工程量按设计图示尺寸以展开面积计算。

10. 窗帘、窗帘盒及窗帘轨

(1) 窗帘的工程量以米计量，按设计图示尺寸以成活后长度计算；以平方米计量，按图示尺寸以成活后展开面积计算。

(2) 木窗帘盒、饰面夹板、塑料窗帘盒、铝合金窗帘盒、窗帘轨的工程量按设计图示尺寸以长度计算。

习题精选

单项选择题

1. 根据《房屋建筑与装饰工程工程量计算规范》(GB 50854—2013) 的规定，关于门窗工程量计算的说法，正确的是(　　)。

A. 木门框按设计图示洞口尺寸以面积计算

B. 金属纱窗按设计图示洞口尺寸以面积计算

C. 石材窗台板按设计图示以水平投影面积计算

D. 木门的门锁安装按设计图示数量计算

2. 根据《房屋建筑与装饰工程工程量计算规范》(GB 50854—2013) 的规定，关于门窗工程量计算的说法，正确的是(　　)。

A. 木质门带套工程量应按套外围面积计算

B. 门窗工程量计量单位与项目特征描述无关

C. 门窗工程量按图示尺寸以面积为单位时，项目特征必须描述洞口尺寸

D. 门窗工作量以数量“樘”为单位时，项目特征必须描述洞口尺寸

3. 根据《房屋建筑与装饰工程工程量计算规范》(GB 50854—2013) 的规定，关于厂库房大门工程量计算的说法，正确的是(　　)。

A. 防护铁丝门按设计数量以质量计算

B. 金属格栅门按设计图示门框以面积计算

C. 钢制花饰大门按设计图示数量以质量计算

D. 全钢板大门按设计图示洞口尺寸以面积计算

4. 根据《房屋建筑与装饰工程工程量计算规范》(GB 50854—2013) 的规定，关于金属窗工程量计算的说法，正确的是(　　)。

A. 彩板钢窗按设计图示尺寸以框外围展开面积计算

B. 金属纱窗按框的外围尺寸以面积计算

C. 金属百叶窗按框的外围尺寸以面积计算

D. 金属橱窗按设计图示洞口尺寸以面积计算

参考答案

单项选择题

1. D　2. D　3. D　4. B

(九) 屋面及防水工程

考纲要求

1. 熟悉瓦、型材及其他屋面工程工程量的计算。
2. 掌握屋面卷材防水及刚性防水层的工程量的计算。
3. 掌握墙面、楼（地）面防水、防潮工程量的计算。

考点汇总

1. 瓦、型材及其他屋面

(1) 瓦屋面、型材屋面的工程量按设计图示尺寸以斜面积计算。不扣除房上烟囱、风帽底座、风道、小气窗、斜沟等所占面积。小气窗的出檐部分不增加面积。

瓦屋面工程量=屋面水平投影面积×延尺系数=前后檐间宽×两山檐间长×延尺系数　(2.3.3)

$$\text{延尺系数}=\frac{\text{斜长}}{\text{水平长}} \tag{2.3.4}$$

延迟系数可通过查找系数表确定。

(2) 阳光板屋面、玻璃钢屋面的工程量按设计图示尺寸以斜面积计算。不扣除屋面面积

小于或等于 0.3m² 孔洞所占面积。

(3) 膜结构屋面的工程量按设计图示尺寸以需要覆盖的水平投影面积计算。

2. 屋面防水及其他

(1) 屋面卷材防水、屋面涂膜防水的工程量按设计图示尺寸以面积计算。斜屋顶（不包括平屋顶找坡）按斜面积计算，平屋顶按水平投影面积计算。不扣除房上烟囱、风帽底座、风道、屋面小气窗和斜沟所占面积。屋面的女儿墙、伸缩缝和天窗等处的弯起部分，并入屋面工程量内。

(2) 屋面刚性层的工程量按设计图示尺寸以面积计算，不扣除房上烟囱、风帽底座、风道等所占面积。

(3) 屋面排水管的工程量按设计图示尺寸以长度计算。如设计未标注尺寸，以檐口至设计室外散水上表面垂直距离计算。

(4) 屋面排（透）气管的工程量按设计图示尺寸以长度计算。

(5) 屋面（廊、阳台）泄（吐）水管的工程量按设计图示数量计算。

(6) 屋面天沟、檐沟的工程量按设计图示尺寸以展开面积计算。

(7) 屋面变形缝的工程量按设计图示尺寸以长度计算。

3. 墙面防水、防潮

(1) 墙面卷材防水、墙面涂膜防水、墙面砂浆防水（防潮）的工程量按设计图示尺寸以面积计算。墙面防水搭接及附加层用量不另行计算，在综合单价中考虑。墙面找平层按墙、柱面装饰与隔断、幕墙工程“立面砂浆找平层”项目编码列项。

(2) 墙面变形缝的工程量按设计图示以长度计算。墙面变形缝，若做双面，工程量乘以系数 2。

4. 楼（地）面防水、防潮

(1) 楼（地）面卷材防水、楼（地）面涂膜防水、楼（地）面砂浆防水（防潮）的工程量按设计图示尺寸以面积计算。楼（地）面防水搭接及附加层用量不另行计算，在综合单价中考虑。

1) 楼（地）面防水：按主墙间净空面积计算，扣除凸出地面的构筑物、设备基础等所占面积，不扣除间壁墙及单个面积小于或等于 0.3m² 柱、垛、烟囱和孔洞所占面积。

2) 楼（地）面防水反边高度小于或等于 300mm 算作地面防水，反边高度大于 300mm 按墙面防水计算。

(2) 楼（地）面变形缝的工程量按设计图示尺寸以长度计算。

习题精选

一、单项选择题

1. 根据《房屋建筑与装饰工程工程量计算规范》(GB 50854—2013) 的规定，斜屋面的卷材防水工程量应(　　)。

A. 按设计图示尺寸以水平投影面积计算

B. 按设计图示尺寸以斜面积计算

C. 扣除房上烟囱、风帽底座所占面积

D. 扣除屋面小气窗、斜沟所占面积

2. 根据《房屋建筑与装饰工程工程量计算规范》（GB 50854—2013）的规定，屋面防水工程量计算的说法，正确的是（　　）。

A. 斜屋面卷材防水，工程量按水平投影面积计算

B. 平屋面涂膜防水，工程量不扣除烟囱所占面积

C. 平屋面女儿墙弯起部分卷材防水不计工程量

D. 平屋面伸缩缝卷材防水不计工程量

3. 根据《房屋建筑与装饰工程工程量计算规范》（GB 50854—2013）的规定，有关楼地面防水防潮工程量计算的说法，正确的是（　　）。

A. 按设计图示尺寸以面积计算

B. 按主墙间净面积计算，搭接和反边部分不计

C. 反边高度小于或等于 300mm 部分不计算

D. 反边高度大于 300mm 部分计入楼地面防水

4. 根据《房屋建筑与装饰工程工程量计算规范》（GB 50854—2013）的规定，关于屋面防水工程量计算的说法，正确的是（　　）。

A. 斜屋面卷材防水按水平投影面积计算

B. 女儿墙、伸缩缝等处卷材防水弯起部分不计

C. 屋面排水管按设计图示数量以根计算

D. 屋面变形缝卷材防水按设计图示尺寸以长度计算

二、多项选择题

根据《房屋建筑与装饰工程工程量计算规范》（GB 50854—2013）的规定，关于墙面防水工程量计算的说法，正确的有（　　）。

A. 墙面涂膜防水按设计图示尺寸以质量计算

B. 墙面砂浆防水按设计图示尺寸以体积计算

C. 墙面变形缝按设计图示尺寸以长度计算

D. 墙面卷材防水按设计图示尺寸以面积计算

E. 墙面防水搭接用量按设计图示尺寸以面积计算

三、实务题

1. 已知屋面坡度的高跨比为 $B/2A=1/3$，$\alpha=33°44'$，计算如图 2.3.10 所示四坡水瓦屋面的工程量。

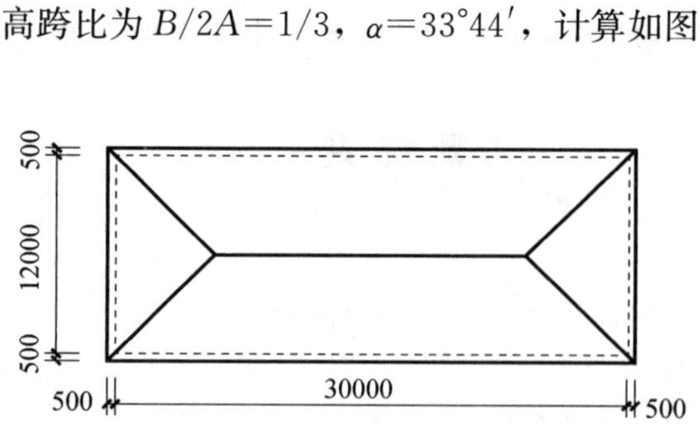

图 2.3.10　四坡水瓦屋面示意

2. 计算如图 2.3.11 所示卷材屋面工程量。女儿墙与楼梯间出屋面墙交接处，卷材弯起高度取 250mm。

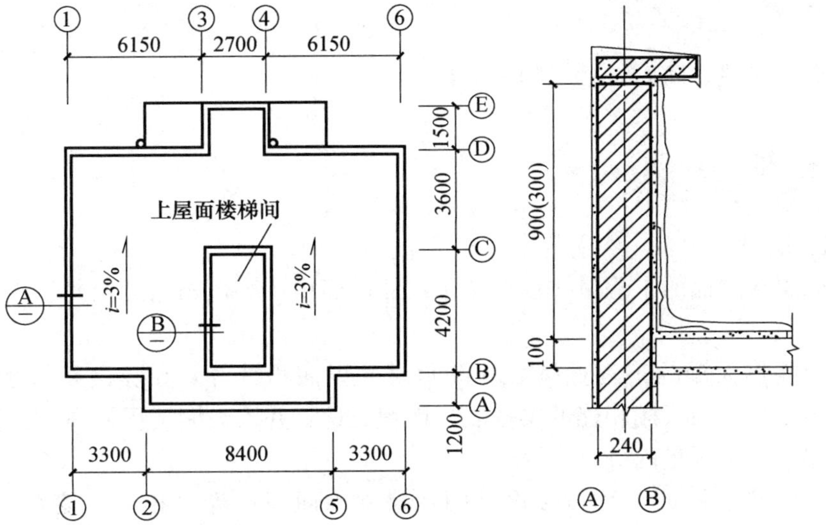

图 2.3.11　卷材屋面示意

参考答案

一、单项选择题

1. B　　2. B　　3. A　　4. D

二、多项选择题

CD

三、实务题

1. 查屋面坡度系数表可知，屋面延尺系数 $C=1.2015$，则：

$S=[(30+0.5\times2)\times(12+0.5\times2)\times1.2015]=484.21(m^2)$

2. （1）屋面水平投影面积：

$S_1=[(3.3\times2+8.4-0.24)\times(4.2+3.6-0.24)+(8.4-0.24)\times1.2+(2.7-0.24)\times1.5-(4.2+0.24)\times(2.7+0.24)]=(14.76\times7.56+8.16\times1.2+2.46\times1.5-4.44\times2.94)=112.01(m^2)$

（2）屋面弯起部分面积：

$S_2=[(3.3+8.4+3.3-0.24)\times2+(1.2+4.2+3.6+1.5-0.24)\times2]\times0.25+(4.2+0.24+2.7+0.24)\times2\times0.25=12.51+3.69=16.20(m^2)$

（3）楼梯间屋面水平及弯起部分面积：

$S_3=(4.2-0.24)\times(2.7-0.24)+(4.2-0.24+2.7-0.24)\times2\times0.25=9.74+3.21=12.95(m^2)$

（4）屋面卷材工程量：

$S=S_1+S_2+S_3=112.01+16.20+12.95=141.16(m^2)$

（十）保温、隔热、防腐工程

考纲要求

熟悉保温、隔热、防腐工程工程量的计算。

考点汇总

1. 保温、隔热

（1）保温隔热屋面的工程量按设计图示尺寸以面积计算，扣除面积大于 0.3m² 孔洞及占位面积。

（2）保温隔热天棚的工程量按设计图示尺寸以面积计算，扣除面积大于 0.3m² 上柱、垛、孔洞所占面积，与天棚相连的梁按展开面积，计算并入天棚工程量内。柱帽保温隔热应并入天棚保温隔热工程量内。

（3）保温隔热墙面的工程量按设计图示尺寸以面积计算，扣除门窗洞口以及面积大于 0.3m² 梁、孔洞所占面积；门窗洞口侧壁以及与墙相连的柱，并入保温墙体工程量内。

（4）保温柱、梁适用于不与墙、天棚相连的独立柱、梁。工程量按设计图示尺寸以平方米计算。

1）柱按设计图示柱断面保温层中心线展开长度乘以保温层高度以面积计算，扣除面积大于 0.3m² 梁所占面积。

2）梁按设计图示梁断面保温层中心线展开长度乘以保温层长度以面积计算。

（5）保温隔热楼地面的工程量按设计图示尺寸以面积计算，扣除面积大于 0.3m² 柱、垛、孔洞等所占面积。门洞、空圈、暖气包槽、壁龛的开口部分不增加面积。

（6）其他保温隔热的工程量按设计图示尺寸以展开面积计算，扣除面积大于 0.3m² 孔洞及占位面积。池槽保温隔热应按其他保温隔热项目编码列项。

2. 防腐面层

（1）防腐混凝土面层、防腐砂浆面层、防腐胶泥面层、玻璃钢防腐面层、聚氯乙烯板面层、块料防腐面层的工程量按设计图示尺寸以面积计算。

1）平面防腐：扣除凸出地面的构筑物、设备基础等以及面积大于 0.3m² 孔洞、柱、垛等所占面积，门洞、空圈、暖气包槽、壁龛的开口部分不增加面积。

2）立面防腐：扣除门、窗、洞口以及面积大于 0.3m² 孔洞、梁所占面积，门、窗、洞口侧壁、垛突出部分按展开面积并入墙面积内。

（2）池及槽块料防腐面层的工程量按设计图示尺寸以展开面积计算。

3. 其他防腐

（1）隔离层、防腐涂料的工程量按设计图示尺寸以面积计算。

1）平面防腐：扣除凸出地面的构筑物、设备基础等以及面积大于 0.3m² 孔洞、柱、垛等所占面积，门洞、空圈、暖气包槽、壁龛的开口部分不增加面积。

2）立面防腐：扣除门、窗、洞口以及面积大于 0.3m² 孔洞、梁所占面积，门、窗、洞口侧壁、垛突出部分按展开面积并入墙面积内。

（2）砌筑沥青浸渍砖的工程量按设计图示尺寸以体积计算。

习题精选

单项选择题

1. 根据《房屋建筑与装饰工程工程量计算规范》（GB 50854—2013）的规定，关于防腐工程量计算的说法，正确的是(　　)。

A. 隔离层平面防腐，门洞开口部分按图示面积计入

B. 隔离层立面防腐，门洞口侧壁部分不计算

C. 砌筑沥青浸渍砖，按图示水平投影面积计算

D. 立面防腐涂料，门洞侧壁按展开面积并入墙面积内

2. 根据《房屋建筑与装饰工程工程量计算规范》（GB 50854—2013）的规定，关于保温、隔热工程量计算的说法，正确的是(　　)。

A. 与天棚相连的梁的保温工程量并入天棚工程量

B. 与墙体相连的柱的保温工程量按柱工程量计算

C. 门窗洞口侧壁的保温工程量不计

D. 梁保温工程量按设计图示尺寸以梁的中心线长度计算

参考答案

单项选择题

1. D　　2. A

（十一）楼地面装饰工程

考纲要求

1. 掌握整体面层及找平层工程量的计算。
2. 掌握块料面层工程量的计算。
3. 掌握踢脚线工程量的计算。
4. 掌握橡塑面层、其他材料面层、楼梯面层工程量的计算。

考点汇总

1. 整体面层及找平层

（1）水泥砂浆楼地面、现浇水磨石楼地面、细石混凝土楼地面、菱苦土楼地面、自流坪楼地面的工程量按设计图示尺寸以面积计算。扣除凸出地面构筑物、设备基础、室内铁道、地沟等所占面积，不扣除间壁墙及小于或等于 $0.3m^2$ 柱、垛、附墙烟囱及孔洞所占面积。门

洞、空圈、暖气包槽、壁龛的开口部分不增加面积。其中，间壁墙是指墙厚小于或等于120mm的墙。

（2）平面砂浆找平层的工程量按设计图示尺寸以面积计算。平面砂浆找平层只适用于仅做找平层的平面抹灰。

2. 块料面层

工程量按设计图示尺寸以面积计算。门洞、空圈、暖气包槽、壁龛的开口部分并入相应的工程量内。

3. 橡塑面层

工程量按设计图示尺寸以面积计算。门洞、空圈、暖气包槽、壁龛的开口部分并入相应的工程量内。项目中如有找平层的，另按“整体面层及找平层”找平层项目编码列项。

4. 其他材料面层

工程量按设计图示尺寸以面积计算。门洞、空圈、暖气包槽、壁龛的开口部分并入相应的工程量内。

5. 踢脚线

工程量计算规则有两种：以平方米计量，按设计图示长度乘以高度以面积计算；以米计量，按延长米计算。

6. 楼梯面层

工程量按设计图示尺寸以楼梯（包括踏步、休息平台及小于或等于500mm的楼梯井）水平投影面积计算。楼梯与楼地面相连时，算至梯口梁内侧边沿；无梯口梁者，算至最上一层踏步边沿加300mm。

7. 台阶装饰

工程量按设计图示尺寸以台阶（包括最上层踏步边沿加300mm）水平投影面积计算。

8. 零星装饰项目

按设计图示尺寸以平方米计算。

习题精选

一、单项选择题

根据《房屋建筑与装饰工程工程量计算规范》（GB 50854—2013）的规定，石材踢脚线工程量应(　　)。

A. 不予计算

B. 并入地面面层工程量

C. 按设计图示尺寸以长度计算

D. 按设计图示长度乘以高度以面积计算

二、多项选择题

1. 根据《房屋建筑与装饰工程工程量计算规范》（GB 50854—2013）的规定，关于楼地面装饰工程量计算的说法，正确的有(　　)。

A. 现浇水磨石楼地面按设计图示尺寸以面积计算

B. 细石混凝土楼地面按设计图示尺寸以体积计算

C. 块料台阶面按设计图示尺寸以展开面积计算

D. 金属踢脚线按延长米计算

E. 石材楼地面按设计图示尺寸以面积计算

2. 根据《房屋建筑与装饰工程工程量计算规范》(GB 50854—2013) 的规定，关于装饰工程量计算的说法，正确的有(　　)。

A. 自流坪地面按图示尺寸以面积计算

B. 整体层按设计图示尺寸以面积计算

C. 块料踢脚线可按延长米计算

D. 石材台阶面装饰设计图示以台阶最上踏步外沿以外水平投影面积计算

E. 塑料板楼地面按设计图示尺寸以面积计算

三、实务题

1. 某建筑平面示意如图 2.3.12 所示。室内地面做普通水磨石面层，普通水磨石踢脚线高 150mm。M-1 外台阶长度为 7m，室外散水为 C10 混凝土，宽 800mm，厚 80mm，试分别计算普通水磨石面层、普通水磨石踢脚线和混凝土散水的清单工程量。

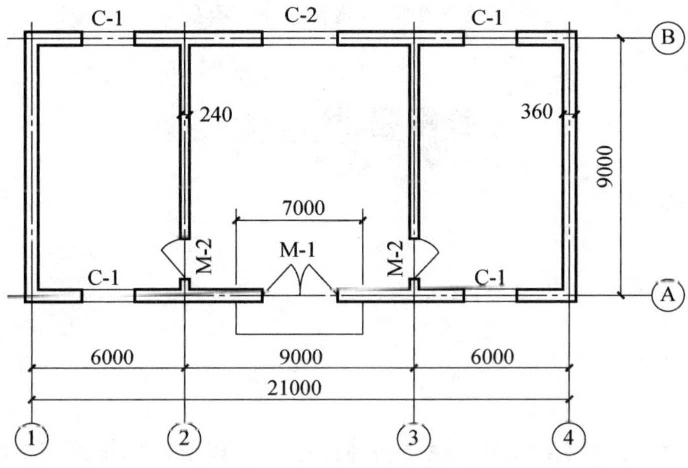

图 2.3.12　某建筑平面示意

2. 图 2.3.13 为某建筑大厅入口门前平台与台阶，试计算平台与台阶贴花岗石面积的工程量。

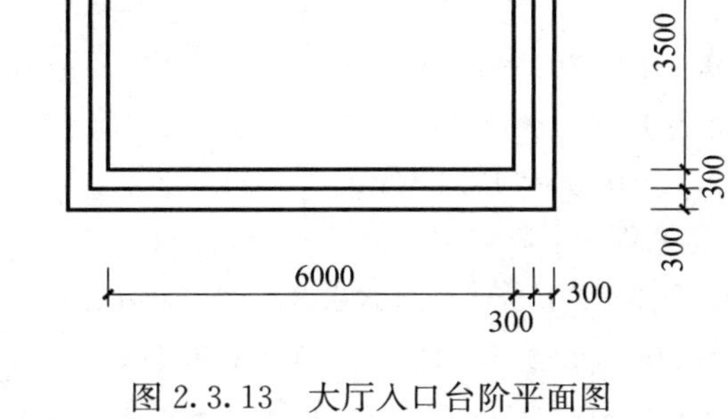

图 2.3.13　大厅入口台阶平面图

3. 根据图 2.3.14 所示，计算某楼梯第一层（不等跑楼梯）花岗石楼梯面的工程量。四周墙厚为 240mm。

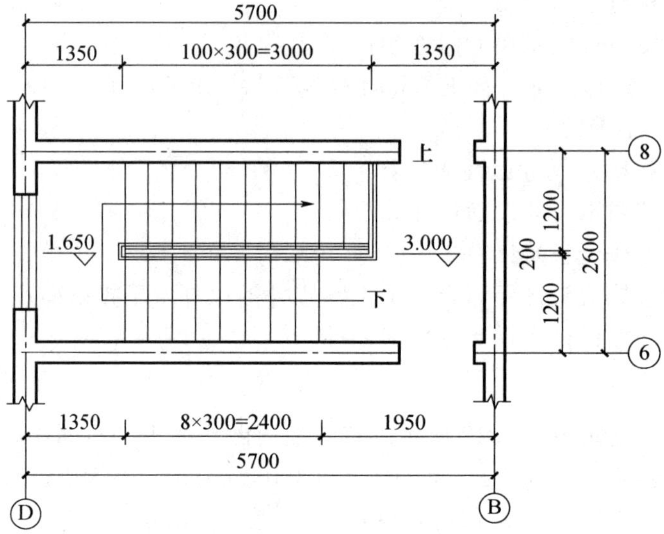

图 2.3.14 某楼梯第一层示意

参考答案

一、单项选择题

D

二、多项选择题

1. ADE　　2. BCE

三、实务题

1. (1) 普通水磨石面层工程量：属于整体面层，工程量计算规则按主墙间净空面积计算。

$S_1=(9.0-0.36)\times(21.0-0.36-0.24\times2)=174.18(m^2)$

(2) 普通水磨石踢脚线工程量：

$S_2=[(6.0-0.18-0.12+9.0-0.36)\times2\times2+(9.0-0.24+9.0-0.36)\times2]\times0.15$

$=13.824(m^2)$

(3) 散水工程量计算：

$S_3=[(21.0+0.36+9.0+0.36)\times2+0.8\times4-7.0]\times0.8=46.11(m^2)$

2. (1) 平台花岗石面层工程量：

$S_1=(6-0.3\times2)\times(3.5-0.3)=17.28(m^2)$

(2) 台阶贴花岗石面层工程量：

$S_2=(6+0.3\times4)\times0.3\times3+(3.5-0.3)\times0.3\times3\times2=12.24(m^2)$

3. 第一跑工程量 $S_1=3.0\times(1.2-0.12+0.2)=3.84(m^2)$

休息平台工程量 $S_2=(2.6-0.24)\times(1.35-0.12)=2.90(m^2)$

第二跑工程量 $S_3=(2.4+0.3)\times(1.2-0.12)=2.92(m^2)$

楼梯面层工程量 $S=S_1+S_2+S_3=3.84+2.90+2.92=9.66(m^2)$

(十二) 墙、柱面装饰与隔断、幕墙工程

考纲要求

1. 掌握墙、柱梁面抹灰工程量的计算。
2. 掌握墙面块料面层、柱梁面镶贴块料工程量的计算。
3. 掌握幕墙工程量的计算。
4. 熟悉零星抹灰、墙饰面、隔断工程量的计算。

考点汇总

1. 墙面抹灰

工程量按设计图示尺寸以面积计算。扣除墙裙、门窗洞口及单个大于 $0.3m^2$ 的孔洞面积，不扣除踢脚线、挂镜线和墙与构件交接处的面积，门窗洞口和孔洞的侧壁及顶面不增加面积。附墙柱、梁、垛、烟囱侧壁并入相应的墙面面积内。

(1) 外墙抹灰面积按外墙垂直投影面积计算。

(2) 外墙裙抹灰面积按其长度乘以高度计算。

(3) 内墙面抹灰面积按主墙间的净长乘以高度计算。

无墙裙的，高度按室内楼地面至天棚底面计算；有墙裙的，高度按墙裙顶至天棚底面计算；有吊顶天棚抹灰，高度算至天棚底。

(4) 内墙裙抹灰面按内墙净长乘以高度计算。

2. 柱（梁）面抹灰

(1) 柱、梁面一般抹灰，柱、梁面装饰抹灰，柱、梁面砂浆找平。柱面抹灰及勾缝：按设计图示柱断面周长乘以高度以平方米计算。梁面抹灰及勾缝：按设计图示梁断面周长乘以长度以平方米计算。

(2) 柱面勾缝的工程量按设计图示柱断面周长乘以高度以面积计算。

3. 零星抹灰

工程量按设计图示尺寸以面积计算。

4. 墙面块料面层

(1) 石材墙面、拼碎石材墙面、块料墙面的工程量按镶贴表面积计算。

(2) 干挂石材钢骨架的工程量按设计图示以质量计算。

5. 柱（梁）面镶贴块料

工程量按镶贴表面积计算。

6. 镶贴零星块料

工程量按镶贴表面积计算。

7. 墙饰面

(1) 墙面装饰板的工程量按设计图示墙净长乘以净高以面积计算。扣除门窗洞口及单个

大于 0.3m² 的孔洞所占面积。

（2）墙面装饰浮雕的工程量按设计图示尺寸以面积计算。

8. 柱（梁）饰面

（1）柱（梁）面装饰的工程量按设计图示饰面外围尺寸以面积计算。柱帽、柱墩并入相应柱饰面工程量内。

（2）成品装饰柱的工程量计算规则有两种：以根计量的，按设计数量计算；以米计量的，按设计长度计算。

9. 幕墙工程

（1）带骨架幕墙的工程量按设计图示框外围尺寸以面积计算。与幕墙同种材质的窗所占面积不扣除。

（2）全玻（无框玻璃）幕墙的工程量按设计图示尺寸以面积计算。带肋全玻幕墙按展开面积计算。

10. 隔断

（1）木隔断、金属隔断的工程量按设计图示框外围尺寸以面积计算。不扣除单个小于或等于 0.3m² 的孔洞所占面积；浴厕门的材质与隔断相同时，门的面积并入隔断面积内。

（2）玻璃隔断、塑料隔断、其他隔断的工程量按设计图示框外围尺寸以面积计算。不扣除单个小于或等于 0.3m² 的孔洞所占面积。

（3）成品隔断的工程量计算规则有两种：以平方米计量的，按设计图示框外围尺寸以面积计算；以间计量的，按设计间的数算计算。

习题精选

实务题

1. 如图 2.3.15 所示，某单层建筑物室内净高为 2.8m，外墙高为 3.0m，M-1 尺寸为 2400mm×2000mm，M-2 尺寸为 2000mm×900mm，C-1 尺寸为 1500mm×1500mm，试计算内墙、外墙水泥砂浆抹灰面层的工程量。

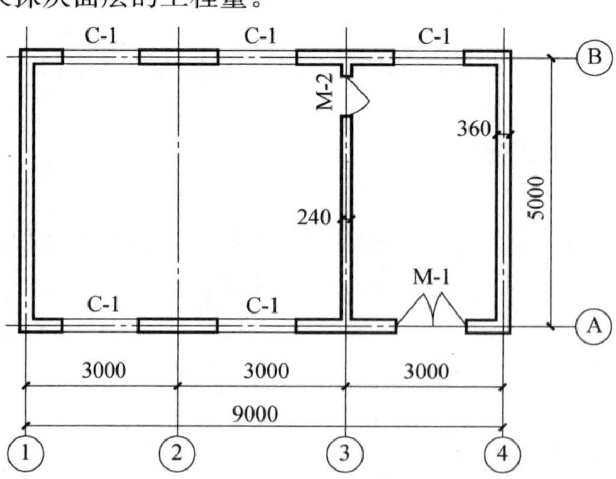

图 2.3.15 单层建筑物平面图

2. 某单层餐厅，室内净高为 3.9m，窗台高为 0.9m，室内净面积为 35.76m×20.76m，四周厚 240mm 外墙上设 1.5m×2.7m 铝合金双扇地弹门 2 樘（型材框宽度为 101.6mm，居中立樘），1.8m×2.7m 铝合金双扇推拉窗 14 樘（型材为 90 系列，框宽为 90mm，居中立樘），外墙内壁贴高 1.8m 瓷板墙裙，试求镶贴块料工程量。

参考答案

实务题

1. 内墙水泥砂浆面层工程量：

$S_{内}=(6.0-0.36\div2-0.24\div2+5.0-0.36)\times2\times2.8-2\times0.9-1.5\times1.5\times4+(3.0-0.36\div2-0.24\div2+5.0-0.36)\times2\times2.8-2.4\times2-2\times0.9-1.5\times1.5=79.36(m^2)$

外墙水泥砂浆面层工程量：

$S_{外}=(9.0+0.36+5.0+0.36)\times2\times3-2.4\times2-1.5\times1.5\times5=72.27(m^2)$

2. 墙裙面积：

$S_1=(35.76+20.76)\times2\times1.8=203.47(m^2)$

在墙裙高 1.8m 范围内应扣门洞面积：

$S_2=1.5\times1.8\times2=5.4(m^2)$

窗洞口面积：

$S_3=1.8\times(1.8-0.9)\times14=22.68(m^2)$

应增门洞侧壁宽：

$b_1=(0.24-0.1016)\div2=0.069(m)$

门洞侧壁面积：

$S_4=1.8\times2\times0.069\times2=0.497(m^2)$

应增窗洞侧壁宽：

$b_2=(0.24-0.09)\div2=0.075(m)$

窗洞侧壁面积：

$S_5=[1.8+(1.8-0.9)\times2]\times0.075\times14=3.78(m^2)$

墙裙镶贴块料工程量：

$S=S_1-S_2-S_3+S_4+S_5=203.47-5.4-22.68+0.497+3.78=179.67(m^2)$

（十三）天棚工程

考纲要求

1. 掌握天棚抹灰工程量的计算。
2. 掌握天棚吊顶工程量的计算。

考点汇总

1. 天棚抹灰

工程量按设计图示尺寸以水平投影面积计算。不扣除间壁墙、垛、柱、附墙烟囱、检查口和管道所占的面积，带梁天棚的梁两侧（与板相同抹灰材料时）抹灰面积并入天棚面积内，板式楼梯底面抹灰按斜面积计算，锯齿形楼梯底板抹灰按展开面积计算。天棚的梁板抹灰材料不同时应当分开列项。

2. 天棚吊顶

（1）天棚吊顶的工程量按设计图示尺寸以水平投影面积计算。天棚面中的灯槽及跌级、阶梯式、锯齿形、吊挂式、藻井式天棚面积不展开计算。不扣除间壁墙、检查口、附墙烟囱、柱垛和管道所占面积，扣除单个大于 $0.3m^2$ 的孔洞、独立柱及与天棚相连的窗帘盒所占的面积。

（2）格栅吊顶、吊筒吊顶、藤条造型悬挂吊顶、织物软雕吊顶、装饰网架吊顶的工程量按设计图示尺寸以水平投影面积计算。

3. 采光天棚

采光天棚工程量按框外围展开面积计算。采光天棚骨架不包括在此部分，应单独按金属结构中的相关项目编码列项。

4. 天棚其他装饰

（1）灯带（槽）的工程量按设计图示尺寸以框外围面积计算。

（2）送风口、回风口。

习题精选

一、单项选择题

1. 根据《房屋建筑与装饰工程工程量计算规范》(GB 50854—2013) 的规定，关于天棚抹灰工程量计算的说法，正确的是(　　)。

A. 扣除检查口和管道所占面积

B. 板式楼梯底面抹灰按水平投影面积计算

C. 扣除间壁墙、垛和柱所占面积

D. 锯齿形楼梯底板抹灰按展开面积计算

2. 根据《房屋建筑与装饰工程工程量计算规范》(GB 50854—2013) 的规定，关于天棚装饰工程量计算的说法，正确的是(　　)。

A. 灯带（槽）按设计图示尺寸以框外围面积计算

B. 灯带（槽）按设计图示尺寸以延长米计算

C. 送风口按设计图示尺寸以结构内边线面积计算

D. 回风口设计图示尺寸以面积计算

3. 根据《房屋建筑与装饰工程工程量计算规范》(GB 50854—2013) 的规定，关于拆除工程工程量计算的说法，正确的是(　　)。

A. 砖砌体拆除以其立面投影面积计算

B. 墙柱面龙骨及饰面拆除按延长米计算

C. 窗台板拆除以水平投影面积计算

D. 栏杆、栏板拆除按拆除部位面积计算

二、实务题

如图 2.3.16 所示，某单层建筑物安装吊顶，采用不上人 U 形轻钢龙骨及 600mm×400mm 的石膏板面层。其中小房间为一级吊顶，大房间为二级吊顶，大房间吊顶剖面如图 2.3.17 所示。请列项并计算相应清单量。

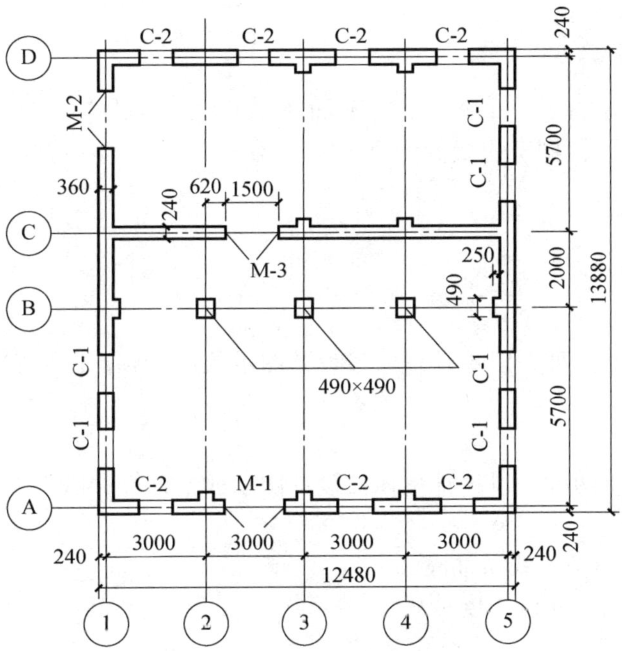

图 2.3.16　单层建筑物平面图

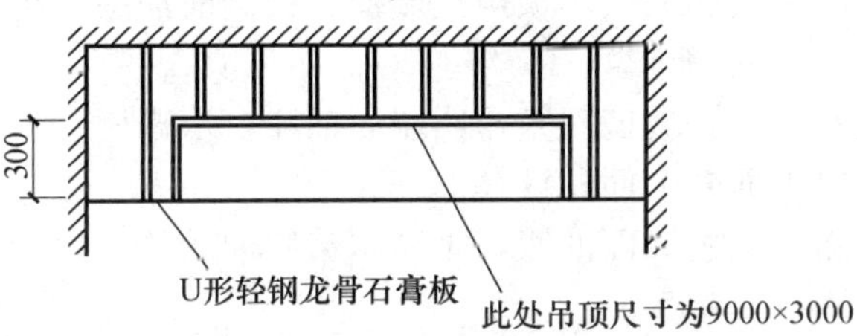

图 2.3.17　吊顶剖面图

参考答案

一、单项选择题

1. D　　2. A　　3. D

二、实务题

(1) 小房间天棚吊顶工程量：清单工程量按设计图示尺寸以水平投影面积计算。

$S_{小}=(3.0\times4-0.12\times2)\times(5.7-0.12\times2)=64.21(m^3)$

(2) 大房间天棚吊顶工程量：清单工程量按设计图示尺寸以水平投影面积计算，由于独

立柱所占面积为 $0.49\times0.49=0.24$（m^2），小于 $0.3m^2$ 不扣除，则：

$$S_{大}=(3.0\times4-0.12\times2)\times(5.7+2-0.12\times2)=87.72(m^3)$$

（十四）油漆、涂料、裱糊工程

考纲要求

1. 熟悉门、窗、木材面、金属面、抹灰面油漆工程工程量的计算。

2. 了解喷刷涂料、裱糊工程量的计算。

考点汇总

1. 门油漆

工程量计算规则有两种：以樘计量，按设计图示数量计算；以平方米计量，按设计图示洞口尺寸以面积计算。

2. 窗油漆

工程量计算规则有两种：以樘计量，按设计图示数量计算；以平方米计量，按设计图示洞口尺寸以面积计算。

3. 木扶手及其他板条、线条油漆

工程量按设计图示尺寸以长度计算。

4. 木材面油漆

（1）木护墙、木墙裙油漆，窗台板、筒子板、盖板、门窗套、踢脚线油漆，清水板条天棚、檐口油漆，木方格吊顶天棚油漆，吸声板墙面、天棚面油漆，暖气罩油漆，其他木材面的工程量按设计图示尺寸以面积计算。

（2）木间壁、木隔断油漆，玻璃间壁露明墙筋油漆，木栅栏、木栏杆（带扶手）油漆的工程量按设计图示尺寸以单面外围面积计算。

（3）衣柜、壁柜油漆，梁柱饰面油漆，零星木装修油漆的工程量按设计图示尺寸以油漆部分展开面积计算。

（4）木地板油漆，木地板烫硬蜡面的工程量按设计图示尺寸以面积计算。空洞、空圈、暖气包槽、壁龛的开口部分并入相应的工程量内。

5. 金属面油漆

金属面油漆的工程量计算规则有两种：以吨计量，按设计图示尺寸以质量计算；以平方米计量，按设计展开面积计算。

6. 抹灰面油漆

（1）抹灰面油漆的工程量按设计图示尺寸以面积计算。

（2）抹灰线条油漆的工程量按设计图示尺寸以长度计算。

（3）满刮腻子的工程量按设计图示尺寸以面积计算。

7. 喷刷涂料

（1）墙面喷刷涂料、天棚喷刷涂料的工程量按设计图示尺寸以面积计算。

（2）空花格、栏杆刷涂料的工程量按设计图示尺寸以单面外围面积计算。

（3）线条刷涂料的工程量按设计图示尺寸以长度计算。

（4）金属构件刷防火涂料的工程量计算规则有两种：以平方米计量的，按设计图示尺寸的展开面积计算；以吨计量的，按设计图示尺寸以质量计算。

（5）木材构件刷防火涂料的工程量以平方米计量，按设计图示尺寸以面积计算。

8. 裱糊

工程量按设计图示尺寸以面积计算。

习题精选

多项选择题

根据《房屋建筑与装饰工程工程量计算规范》（GB 50854—2013）的规定，关于油漆工程量计算的说法，正确的有（　　）。

A. 金属门油漆按设计图示洞口尺寸以面积计算

B. 封檐板油漆按设计图示尺寸以面积计算

C. 门窗套油漆按设计图示尺寸以面积计算

D. 木隔断油漆按设计图示尺寸以单面外围面积计算

E. 窗帘盒油漆按设计图示尺寸以面积计算

参考答案

多项选择题

ACD

（十五）其他装饰工程

考纲要求

了解其他装饰工程工程量的计算。

考点汇总

1. 柜类、货架
2. 压条、装饰线
3. 扶手、栏杆、栏板装饰
4. 暖气罩
5. 浴厕配件
6. 雨篷、旗杆
7. 招牌、灯箱
8. 美术字

（十六）措施项目

考纲要求

1. 掌握脚手架工程费用的确定。

2. 掌握混凝土模板及支架（撑）工程量的计算。

3. 熟悉垂直运输、超高施工增加、大型机械设备进出场及安拆、施工排水和降水费用及安全文明施工增加费的确定。

考点汇总

1. 脚手架工程

（1）综合脚手架的工程量按建筑面积计算。

（2）外脚手架、里脚手架、整体提升架、外装饰吊篮的工程量按所服务对象的垂直投影面积计算。

（3）悬空脚手架的工程量按搭设的水平投影面积计算。

（4）挑脚手架的工程量按搭设长度乘以搭设层数以延长米计算。

（5）满堂脚手架的工程量按搭设的水平投影面积计算。

2. 混凝土模板及支架（撑）

（1）基础、矩形柱、构造柱、异形柱、基础梁、矩形梁、异形梁、圈梁、过梁、弧形及拱形梁、直形墙、弧形墙、短肢剪力墙及电梯井壁、有梁板、无梁板、平板、拱板、薄壳板、空心板、其他板、栏板的工程量按模板与现浇混凝土构件的接触面积计算。

1）现浇钢筋混凝土墙、板单孔面积小于或等于 $0.3m^2$ 的孔洞不予扣除，洞侧壁模板亦不增加；单孔面积大于 $0.3m^2$ 时应予扣除，洞侧壁模板面积并入墙、板工程量内计算。

2）现浇框架分别按梁、板、柱有关规定计算；附墙柱、暗梁、暗柱并入墙内工程量内计算。

3）柱、梁、墙、板相互连接的重叠部分，均不计算模板面积。

4）构造柱按图示外露部分计算模板面积。

（2）天沟、檐沟、其他现浇构件、电缆沟及地沟、扶手、散水、后浇带、化粪池、检查井的工程量按模板与现浇混凝土构件的接触面积计算。

（3）雨篷、悬挑板及阳台板的工程量按图示外挑部分尺寸的水平投影面积计算，挑出墙外的悬臂梁及板边不另计算。

（4）楼梯的工程量按楼梯（包括休息平台、平台梁、斜梁和楼层板的连接梁）的水平投影面积计算，不扣除宽度小于或等于500mm的楼梯井所占面积，楼梯踏步、踏步板、平台梁等侧面模板不另计算，伸入墙内部分亦不增加。

（5）台阶的工程量按图示台阶水平投影面积计算，台阶端头两侧不另计算模板面积。架空式混凝土台阶按现浇楼梯计算。

3. 垂直运输

工程量计算规则有两种：按建筑面积计算；按施工工期日历天数计算。

4. 超高施工增加

单层建筑物檐口高度超过 20m，多层建筑物超过 6 层时，可按超高部分的建筑面积计算超高施工增加。计算层数时，地下室不计入层数。同一建筑物有不同檐高时，可按不同高度的建筑面积分别计算建筑面积，以不同檐高分别编码列项。

5. 大型机械设备进出场及安拆

安拆费包括施工机械、设备在现场进行安装拆卸所需人工、材料、机械和试运转费用以及机械辅助设施的折旧、搭设、拆除等费用。进出场费包括施工机械、设备整体或分体自停放地点运至施工现场或由一个施工地点运至另一个施工地点所发生的运输、装卸、辅助材料等费用。工程量按使用机械设备的数量计算。

6. 施工排水及降水

施工排水及降水包括成井、排水及降水。相应专项设计不具备时，可按暂估量计算。

(1) 成井的工程量按设计图示尺寸以钻孔深度计算。

(2) 排水、降水的工程量以昼夜为单位计量，按排、降水日历天数计算。

7. 安全文明施工及其他措施项目

安全文明施工及其他措施项目包括安全文明施工，夜间施工，非夜间施工照明，二次搬运，冬雨期施工，地上地下设施、建筑物的临时保护设施，已完工程及设备保护。应根据工程实际情况计算措施项目费用，需分摊的应合理计算摊销费用。工作内容及包含范围如下。

(1) 安全文明施工：

1) 环境保护。

2) 文明施工。

3) 安全施工。

4) 临时设施。

(2) 夜间施工工作内容及包含范围如下：

1) 夜间固定照明灯具和临时可移动照明灯具的设置、拆除。

2) 夜间施工时，施工现场交通标志、安全标牌、警示灯等的设置、移动、拆除。

3) 包括夜间照明设备及照明用电、施工人员夜班补助、夜间施工劳动效率降低等。

(3) 非夜间施工照明是指为保证工程施工正常进行，在地下室等特殊施工部位施工时所采用的照明设备的安拆、维护及照明用电等。

(4) 二次搬运是指由于施工场地条件限制而发生的材料、成品、半成品等一次运输不能到达堆放地点，必须进行的二次或多次搬运。

(5) 冬雨期施工工作内容及包含范围如下：

1) 冬雨（风）期施工时增加的临时设施（防寒保温、防雨、防风设施）的搭设、拆除。

2) 冬雨（风）期施工时，对砌体、混凝土等采用的特殊加温、保温和养护措施。

3) 冬雨（风）期施工时，施工现场的防滑处理、对影响施工的雨雪的清除。

4) 包括冬雨（风）期施工时增加的临时设施、施工人员的劳动保护用品、冬雨（风）期施工劳动效率降低等。

(6) 地上地下设施、建筑物的临时保护设施是指在工程施工过程中，对已建成的地上、地下设施和建筑物进行的遮盖、封闭、隔离等必要保护措施。

(7) 已完工程及设备保护是指对已完工程及设备采取的覆盖、包裹、封闭、隔离等必要保护措施。

习题精选

一、单项选择题

综合脚手架的项目特征必须要描述(　　)。

A. 建筑面积　　B. 檐口高度

C. 场内外材料搬运　　D. 脚手架的材质

二、多项选择题

1. 根据《房屋建筑与装饰工程工程量计算规范》(GB 50854—2013）的规定，下列脚手架中以平方米为计算单位的有(　　)。

A. 整体提升架　　B. 外装饰吊篮

C. 挑脚手架　　D. 悬空脚手架

E. 满堂脚手架

三、实务题

1. 计算图 2.3.8 所示的有梁式条形基础的模板工程量。

2. 某现浇框架结构房屋的三层结构平面如图 2.3.9 所示。已知二层板顶标高为 3.3m，三层板顶标高为 6.6m，板厚 100mm，构件断面相关尺寸如表 2.3.5 所示。试计算图中所示钢筋混凝土构件的模板工程量。

参考答案

一、单项选择题

B

二、多项选择题

ABDE

三、实务题

1. (1) 外墙下：

基础底板 $S=(3.6\times2+0.6\times2)\times2\times0.2+(4.8+0.6\times2)\times2\times0.2+(3.6-0.6\times2)\times4\times0.2+(4.8-0.6\times2)\times2\times0.2=9.12(m^2)$

基础梁 $S=(3.6\times2+0.2\times2)\times2\times0.3+(4.8+0.2\times2)\times2\times0.3+(3.6-0.2\times2)\times4\times0.3+(4.8-0.2\times2)\times2\times0.3=14.16(m^2)$

(2) 内墙下：

基础底板 $S=(4.8-0.6\times2)\times2\times0.2=1.44(m^2)$

基础梁 $S=(4.8-0.2\times2)\times2\times0.3=2.64(m^2)$

基础模板工程 $S=9.12+14.16+1.44+2.64=27.36(m^2)$

2. (1) 分析：由已知条件可知，本例设计的钢筋混凝土构件有框架柱（KZ)、框架梁（KL)、梁（L）及板，且支模高度$=6.6-3.3=3.3(m)<3.6m$。

故本例应列项目为：模板：矩形柱（KZ）、有梁板、梁。

（2）工程量计算模板工程量＝混凝土与模板的接触面积。

① 矩形柱：

S＝柱周长×柱高度$=0.4\times4\times(6.6-3.3)\times4=21.12(\mathrm{m}^2)$

② 有梁板模板＝板模＋次梁梁侧模板。

$S_{板}$＝板长度×板宽度－柱所占的面积－主梁所占面积

$=(4.8+0.2\times2)\times(6.3+0.2\times2)-0.4\times0.4\times4-(4.8-0.2\times2)\times0.25\times2-(6.3-0.2\times2)\times0.3\times2=29.1(\mathrm{m}^2)$

$S_{次梁梁侧}$＝次梁净长度×梁净高度

$=(4.8+0.2\times2-0.3\times2)\times(0.5-0.1)\times2\times2=7.36(\mathrm{m}^2)$

有梁板模板合计$=29.1+7.36=36.46(\mathrm{m}^2)$

③ 主梁模板＝梁侧模板。

$S_{梁侧}$＝梁净长度×梁净高度

KL1：$(4.8-0.2\times2)\times(0.55+0.55-0.1)$(两侧支模)$\times2=8.80(\mathrm{m}^2)$

KL2：$(6.3-0.2\times2)\times(0.6+0.6-0.1)\times2=12.98(\mathrm{m}^2)$

$S_{底模}=(4.8-0.2\times2)\times0.25\times2+(6.3-0.2\times2)\times0.3\times2=5.74(\mathrm{m})$

主梁模板合计$=8.80+12.98+5.74=27.52(\mathrm{m}^2)$

第四节　土建工程工程量清单的编制

考纲要求

1. 掌握工程量清单的构成。
2. 熟悉工程量清单编制的依据和流程。
3. 掌握分部分项工程量清单的编制。
4. 掌握措施项目、其他项目清单的编制。
5. 掌握规费、税金的清单项目编制。

考点汇总

一、工程量清单概念及组成

工程量清单是指建设工程的分部分项工程项目、措施项目、其他项目、规费项目和税金项目的名称和相应数量等的明细清单。由分部分项工程量清单、措施项目清单、其他项目清单、规费税金清单组成。

二、编制工程量清单的依据

（1）相关专业工程量计算规范和《建设工程工程量清单计价规范》(GB 50500—2013)。

（2）国家或省级、行业建设主管部门颁发的计价依据和办法。

（3）建设工程设计文件。

（4）与建设工程项目有关的标准、规范、技术资料。

（5）招标文件及其补充通知、答疑纪要。

（6）施工现场情况、工程特点及常规施工方案。

（7）其他相关资料。

三、工程量清单的编制程序

（1）分部分项工程量计算。

（2）确定其他项目。

（3）填写工程量清单。

（4）撰写工程量清单总说明。

（5）装订签章。

四、分部分项工程量清单的编制

《建设工程工程量清单计价规范》（GB 50500—2013）规定，分部分项工程量清单应载明项目编码、项目名称、项目特征、计量单位和工程量。本条为强制性条文，规定了构成一个分部分项工程量清单的五个要件——项目编码、项目名称、项目特征、计量单位和工程量，这五个要件在分部分项工程量清单的组成中缺一不可。在编制工程量清单时应根据相关工程现行国家计量规范规定的项目编码、项目名称、项目特征、计量单位和工程量计算规则进行编制。

1. 项目编码

项目编码是指分部分项工程和措施项目清单名称的阿拉伯数字标识。工程量清单的项目编码采用十二位阿拉伯数字表示，一至九位为统一编码。其中，一、二位为工程分类顺序码，三、四位为专业工程分章顺序码，五、六位为分部工程顺序码，七、八、九位为分项工程项目名称顺序码，十至十二位为清单项目名称顺序码。

当同一标段（或合同段）的一份工程量清单中含有多个单位工程且工程量清单是以单位工程为编制对象时，在编制工程量清单时应特别注意项目编码十至十二位的设置不得有重码。

2. 项目名称

分部分项工程量清单的项目名称应按附录的项目名称结合拟建工程的实际确定。

《建设工程工程量清单计价规范》（GB 50500—2013）附录表中的“项目名称”为分项工程项目名称，是形成分部分项工程量清单项目名称的基础，在编制分部分项工程量清单时可予以适当调整或细化。

3. 项目特征

项目特征是构成分部分项工程量清单项目、措施项目自身价值的本质特征，是确定一个清单项目综合单价不可缺少的重要依据。分部分项工程量清单的项目特征应按《建设工程工程量清单计价规范》（GB 50500—2013）附录中规定的项目特征，结合技术规范、标准图集、施工图纸、按照工程结构、使用材质及规格或安装位置等，予以详细而准确的表达和说明。但有些项目特征用文字往往又难以准确和全面地描述清楚。因此，为达到规范、简洁、准确、全面描述项目特征的要求，工程量清单项目特征描述时应按以下原则进行：

（1）项目特征描述的内容应按附录规定的内容，项目特征的表述按拟建工程的实际要求，能满足确定综合单价的需要。

(2) 若采用标准图集或施工图纸能够全部或部分满足项目特征描述要求的，项目特征描述可直接采用详见××图集或××图号的方式对不能满足项目特征描述要求的部分，仍应用文字描述进行补充。

4. 计量单位

工程量清单的计量单位应按《房屋建筑与装饰工程工程量计算规范》(GB 50854—2013) 及相关专业工程的工程量计算规范中规定的计量单位确定。计量单位应采用基本单位，除各专业另有特殊规定外均按以下单位计量：

(1) 以质量计算的项目——吨或千克 (t 或 kg)。

(2) 以体积计算的项目——立方米 (m^3)。

(3) 以面积计算的项目——平方米 (m^2)。

(4) 以长度计算的项目——米 (m)。

(5) 以自然计量单位计算的项目——个、套、块、樘、组、台……

(6) 没有具体数量的项目——宗、项……

各专业有特殊计量单位的，再另外加以说明，当计量单位有两个或两个以上时，应根据所编工程量清单项目的特征要求，选择最适宜表现该项目特征并方便计量的单位。

5. 工程量计算规则

依据《房屋建筑与装饰工程工程量计算规范》(GB 50854—2013) 确定工程量。本规范的适用范围是工业与民用的房屋建筑与装饰、装修工程施工发承包计价活动中的“工程计量和工程量清单编制”。为强制性条文，无论是国有资金投资还是非国有资金投资的工程建设项目，其工程计量必须执行本规范。工程计量活动除应遵守本规范外，还应遵守国家现行有关标准的规定。

6. 工作内容

分部分项工程量清单的五大要件分别是项目编码、项目名称、项目特征、计量单位和工程量，而工程内容不是必需的要件。规范中关于“工程内容”的规定来源于原工程预算定额，实行工程量清单计价后，由于两种计价方式的差异，清单计价对于项目特征的要求才是必需的。

决定分部分项工程量清单价格的是项目特征描述，工程内容不是分部分项工程量清单五大要素，不决定清单报价。

五、措施项目清单的编制

1. 编制依据

措施项目清单必须根据相关工程现行国家规范的规定编制。

2. 列项要求

(1) 措施项目中列出了项目编码、项目名称、项目特征、计量单位、工程量计算规则的项目，编制工程量清单时，应按照《房屋建筑与装饰工程工程量计算规范》(GB 50854—2013) 及相关专业工程的工程量计算规范附录中分部分项工程的规定执行。

(2) 措施项目中仅列出项目编码、项目名称，但未列出项目特征、计量单位和工程量计算规则的措施项目，编制工程量清单时，应按《房屋建筑与装饰工程量计算规范》(GB 50854—2013) 附录 S 措施项目规定的项目编码、项目名称确定清单项目。

本条对措施项目不能计量的且以清单形式列出的项目（即总价措施项目）做出了规定。

本条针对《建设工程工程量清单计价规范》（GB 50500—2013）对不能计量的仅列出项目编码、项目名称，但未列出项目特征、计量单位和工程量计算规则的措施项目（即总价措施项目），编制工程量清单时，应按《建设工程工程量清单计价规范》（GB 50500—2013）规定的项目编码、项目名称确定清单项目，不必描述项目特征和确定计量单位。

六、其他项目清单的编制

1. 项目内容

其他项目清单应按照下列内容列项：

（1）暂列金额。

（2）暂估价：包括材料暂估价、工程设备暂估价、专业工程暂估价。

（3）计日工。

（4）总承包服务费。

2. 列项要求

（1）暂列金额应根据工程特点按有关计价规定估算。

（2）暂估价中的材料、工程设备暂估单价应根据工程造价信息或参考市场价格估算，列出明细表；专业工程暂估价应分不同专业，按有关计价规定估算，列出明细表。

（3）计日工应列出项目名称、计量单位和暂估数量。

（4）总承包服务费应列出服务项目及其内容等。

（5）其他项目清单如出现未列的项目，可根据工程实际情况补充。

七、规费

规费项目清单应按照下列内容列项：

（1）社会保险费：包括养老保险费、失业保险费、医疗保险费、工伤保险费、生育保险费。

（2）住房公积金。

（3）工程排污费。

出现《建设工程工程量清单计价规范》（GB 50500—2013）规费中未列的项目，应根据省级政府或省级有关部门的规定列项。

八、税金

税金是指按照国家税法规定的应计入建筑安装工程造价的增值税。

习题精选

一、单项选择题

1. 在同一合同段的工程量清单中，多个单位工程中具有相同项目特征的项目编码和计量单位时（　　）。

A. 项目编码不一致，计量单位不一致　　B. 项目编码一致，计量单位一致

C. 项目编码不一致，计量单位一致　　D. 项目编码一致，计量单位不一致

2. 建设工程工程量清单中工作内容描述的主要作用是（　　）。

A. 反映清单项目的工艺流程　　B. 反映清单项目需要的作业

C. 反映清单项目的质量标准　　　　　　　D. 反映清单项目的资源需求

3. 关于招标工程量清单中其他项目清单编制的说法，正确的是(　　)。

A. 投标人情况、发包人对工程管理的要求对其内容会有直接影响

B. 暂列金额可以只列总额，但不同专业预留的暂列金额应分别列项

C. 专业工程暂估价应包括利润、规费和税金

D. 计日工的暂定数量可以由投标人填写

4. 根据《房屋建筑与装饰工程工程量计算规范》(GB 50854—2013) 的规定，编制工程量清单补充项目时，编制人员应报备案的单位是(　　)。

A. 企业技术管理部门

B. 工程所在地造价管理部门

C. 省级或行业工程造价管理机构

D. 住房和城乡建设部标准定额研究所

5. 根据《建设工程工程量清单计价规范》(GB 50500—2013) 的规定，关于项目特征的说法，正确的是(　　)。

A. 项目特征是编制工程量清单的基础

B. 项目特征是确定工程内容的核心

C. 项目特征是项目自身价值的本质特征

D. 项目特征工程结算的关键依据

6. 在同一合同段的工程量清单中，多个单位工程中具有相同项目特征的项目编码和计量单位时(　　)。

A. 项目编码不一致，计量单位不一致

B. 项目编码一致，计量单位一致

C. 项目编码不一致，计量单位一致

D. 项目编码一致，计量单位不一致

7. 编制房屋建筑工程施工招标的工程量清单，对第一项现浇混凝土无梁板的清单项目应编码为(　　)。

A. 010503002001　　　　　　　　　　B. 010405001001

C. 010505002001　　　　　　　　　　D. 010506002001

8. 根据《房屋建筑与装饰工程工程量计算规范》(GB 50854—2013) 的规定，以下说法正确的是(　　)。

A. 分部分项工程量清单与定额所采用的计量单位相同

B. 同一建设项目的多个单位工程的相同项目可采用不同的计量单位分别计量

C. 以“m”“m^2”“m^3”等为单位的应按四舍五入的原则取整

D. 项目特征反映了分部分项和措施项目自身价值的本质特征

二、多项选择题

1. 根据《建设工程工程量清单计价规范》(GB 50500—2013) 的规定，关于分部分项工程量清单编制的说法，正确的有(　　)。

A. 以质量计算的项目，其计量单位应为吨或千克

B. 以吨为计量单位时，其计算结果应保留三位小数

C. 以立方米为计量单位时，其计算结果应保留三位小数

D. 以千克为计量单位时，其计算结果应保留一位小数

E. 以“个”“项”为单位的，应取整数

2. 建设工程工程量清单中，项目特征描述的意义有(　　)。

A. 体现对分部分项项目质量的要求

B. 体现履行合同义务的相应要求

C. 为承包人确定综合单价提供依据

D. 对承包人施工组织管理提出要求

E. 对承包人的施工作业提出具体要求

3. 根据《建设工程工程量清单计价规范》(GB 50500—2013) 的规定，关于分部分项工程项目清单的编制，下列说法正确的有(　　)。

A. 项目编码应按照计算规范附录给定的编码

B. 项目名称应按照计算规范附录给定的名称

C. 项目特征描述应满足确定综合单价的需要

D. 补充项目应有两个或两个以上的计量单位

E. 工程量计算应按一定顺序依次进行

4. 工程量清单中关于项目特征描述的重要意义在于(　　)。

A. 项目特征是区分具体清单项目的依据

B. 项目特征是确定计量单位的重要依据

C. 项目特征是确定综合单价的前提

D. 项目特征是履行合同义务的基础

E. 项目特征是确定工程量计算规则的关键

5. 根据《房屋建筑与装饰工程工程量计算规范》(GB 50854—2013) 的规定，措施项目工程量计算有(　　)。

A. 垂直运输按使用机械设备数量计算

B. 悬空脚手架按搭设的水平投影面积计算

C. 排水、降水工程量，按排水、降水日历天数计算

D. 整体提升架按所服务对象的垂直投影面积计算

E. 超高施工增加按建筑物超高部分的建筑面积计算

6. 根据《房屋建筑与装饰工程工程量计算规范》(GB 50854—2013) 的规定，关于综合脚手架的说法，正确的有(　　)。

A. 工程量按建筑面积计算

B. 用于屋顶加层时应说明加层高度

C. 项目特征应说明建筑结构形式和檐口高度

D. 同一建筑物有不同的檐高时，分别按不同檐高列项

E. 项目特征必须说明脚手架材料

7.《房屋建筑与装饰工程工程量清单计算规范》(GB 50854—2013) 对以下措施项目详细列明了项目编码、项目特征、计量单位、计算规则(　　)。

A. 夜间施工　　　　B. 已完工程及设备保护

C. 超高施工增加　　　　　　　　　　D. 施工排水、降水

E. 混凝土模板及支架

8. 根据《房屋建筑与装饰工程工程量计算规范》(GB 50854—2013) 的规定，以下关于措施项目工程量计算的说法，正确的有(　　)。

A. 垂直运输费用，按施工工期日历天数计算

B. 大型机械设备进出场及安拆，按使用数量计算

C. 施工降水成井，按设计图示尺寸以钻孔深度计算

D. 超高施工增加，按建筑物总建筑面积计算

E. 雨篷混凝土模板及支架，按外挑部分水平投影面积计算

三、实务题

某工程给出门窗统计表如表 2.4.1 所示，试求门窗工程量并编制工程量清单。

表 2.4.1　某工程门窗统计表

名称	编号	洞口尺寸 (mm)		数量	备注
		宽	高		
门	M-1	1000	2100	11	单扇实木凹凸型镶板门
	M-2	1200	2100	1	双扇实木全玻门
	M-3	1800	2700	1	铝合金带上亮双开地弹门
窗	C-1	1800	1800	38	双扇铝合金推拉窗
	C-2	1800	600	6	双扇铝合金推拉窗

参考答案

一、单项选择题

1. C　2. B　3. B　4. C　5. C　6. C　7. C　8. D

二、多项选择题

1. ABE　2. BC　3. CE　4. ACD　5. BCDE
6. ACD　7. CDE　8. ABCE

三、实务题

因门窗种类、规格不同，工程量应分别计算。清单量以设计数量按樘计算。分部分项工程量清单表如表 2.4.2 所示。

表 2.4.2　分部分项工程量清单表

序号	项目编码	项目名称	项目特征	计量单位	工程数量
1	010801002001	木质门	1. 门代号及洞口尺寸：M-1：1000mm×2100mm 2. 门类型：单扇实木凹凸型镶板门	樘	11

续表 2.4.1

序号	项目编码	项目名称	项目特征	计量单位	工程数量
2	010801002002	木质门	1. 门代号及洞口尺寸：M-2　1200mm×2100mm 2. 门类型：双扇实木全玻门 3. 镶嵌玻璃品种、厚度：磨砂玻璃，5mm 厚	樘	1
3	010801006001	门锁安装	1. 锁品种：L 形执手锁 2. 锁规格：通用型	个	12
4	010802001001	金属门	1. 门代号及洞口尺寸：M-3　1800mm×2700mm 2. 门框或扇外围尺寸：101.6mm×44.5mm 3. 门框、扇材质：铝合金（成品） 4. 玻璃品种、厚度：白色平板玻璃，5mm 厚	樘	1
5	010807001001	金属窗	1. 窗代号及洞口尺寸：C-1　1800mm×1800mm 2. 框、扇材质：铝合金（成品） 3. 玻璃品种、厚度：白色平板玻璃，5mm 厚	樘	38
6	010807001002	金属窗	1. 窗代号及洞口尺寸：C-2　1800mm×600mm 2. 框、扇材质：铝合金（成品） 3. 玻璃品种、厚度：白色平板玻璃，5mm 厚	樘	6

第三章　工程计价

第一节　施工图预算编制的常用方法

考纲要求

掌握施工图预算编制的常用方法。

考点汇总

一、施工图预算编制的基本方法

施工图预算编制的顺序是：分部分项工程造价→单位工程造价→单项工程造价→建设项目总造价。

$$工程预算造价 = \sum_{i=1}^{n}(工程量 \times 单位价格) \quad (3.1.1)$$

工程子项的单位价格分析，可以有两种形式：

（1）人工、材料、施工机械台班单价，即：

$$单位价格 = \sum（工程子项的资源要素消耗量 \times 资源要素的价格） \quad (3.1.2)$$

工程计价时采用的资源要素的价格应该是市场价格。

（2）综合单价：综合单价是完成工程量清单中一个规定计量单位项目所需的人工费、材料费、施工机具使用费、管理费和利润，以及一定范围的风险费用组成。工程量清单应采用综合单价计价。

二、工程定额计价法

1. 第一阶段：收集资料

（1）设计图纸。

（2）现行计价依据、材料单价、人工工资标准、施工机械台班使用定额以及有关费用调整的文件等。

（3）工程协议或合同。

（4）施工组织设计（施工方案）或技术组织措施等。

（5）工程计价手册。

2. 第二阶段：熟悉图纸和现场

（1）阅读图纸重点应了解：

1）对照图纸目录，检查图纸是否齐全。

2）采用的标准图集是否已经具备。

3）对设计说明或附注要仔细阅读。

4）需要另编补充定额的项目。

5）平面坐标和竖向布置标高的控制点。

6）本工程与总图的关系。

（2）施工组织设计中影响工程费用的因素：例如，土方工程中的余土外运或缺土的来源、大宗材料的堆放地点、预制构件的运输、地下工程或高层工程的垂直运输方法、设备构件的吊装方法、特殊构筑物的机具制作、安全防火措施等，单凭图纸和定额是无法提供的，只有按照施工组织设计的要求来具体补充项目和计算。

（3）结合现场实际情况如土方工程的土壤类别，现场有无障碍物需要拆除和清理。

3. 第三阶段：计算工程量

工程量的计算一般应注意：

（1）要严格按照计价依据的规定和工程量计算规则，结合图纸尺寸进行计算，不能随意地加大或缩小各部位的尺寸。

（2）为了便于核对，计算工程量一定要注明层次、部位、轴线编号及断面符号。

（3）尽量采用图中已经通过计算注明的数量和附表。如门窗表、预制构件表、钢筋表、设备表、安装主材表等，必要时查阅图纸进行核对。

（4）计算时要防止重复计算和漏算。

4. 第四阶段：套定额单价

计算人材机费套价应注意以下事项：

（1）分项工程名称、规格和计算单位必须与定额中所列内容完全一致。

（2）必须根据定额进行换算。

（3）不能直接套用也不能换算、调整时，必须编制补充定额。

5. 第五阶段：编制工料分析表

6. 第六阶段：费用计算

7. 第七阶段：复核

8. 第八阶段：编制说明

三、工程量清单计价法

其具体计算原则和方法如下：

$$分部分项工程费=\sum(分部分项工程量\times分部分项工程项目综合单价) \tag{3.1.3}$$

其中，分部分项工程项目综合单价由人工费、材料费、机械费、管理费和利润组成，并考虑风险因素。

措施项目费分为两种，即按国家计量规范规定应予计量措施项目（单价措施项目）和不宜计量的措施项目（总价措施项目）。

$$单价措施项目费=\sum(措施项目工程量\times措施项目综合单价) \tag{3.1.4}$$

$$总价措施项目=\sum(措施项目\times费率) \tag{3.1.5}$$

其中，单价措施项目综合单价的构成与分部分项工程项目综合单价构成类似。

$$单位工程造价=分部分项工程费+措施项目费+其他项目费+规费+税金 \tag{3.1.6}$$

习题精选

实务题

1. 某基础土方工程，基础形式为砖大放脚带形基础，土壤类别为三类土，基础垫层宽为900mm，挖土深度为1.8m，基础总长1200m，弃土运距4km。

问题：(1) 按照《建设工程工程量清单计价规范》(GB 50500—2013) 规定列出该土方工程的分项工程量清单。

(2) 参考本省（市 、区）预算定额和价格、费用标准，计算该分项工程的综合单价。

2. 根据某工程分部分项工程和单价措施项目的工程量和当地省级行政主管部门发布的《房屋建筑与装饰工程消耗量定额》中的消耗指标，进行工料分析计算得出各项资源消耗及该地区相应的市场价格，如表3.1.1所示，表中的单价均为不包含增值税可抵扣进项税额的价格。纳税人所在地为城市，按照该工程所在地的省级行政部门发布的计价程序中的规定取费，安全文明施工费按分部分项工程和单价措施项目的（人工费＋机械费）的12％计取，其他的总价措施项目费用合计为分部分项工程和单价措施项目的（人工费＋机械费）的8％计取，其中人工费、机械费分别占比为35％、10％。企业管理费和利润分别按（人工费＋机械费）的15％和10％计取，规费中的社会保险费和公积金合计为人工费的15％，按标准缴纳的工程排污费为0.3万元。增值税税率按11％计取。

表3.1.1　资源消耗量及预算价格表

资源名称	单位	消耗量	除税单价（元）	资源名称	单位	消耗量	除税单价（元）
32.5水泥	kg	1740.84	0.46	钢筋ϕ10以上	t	5.526	3700.00
42.5水泥	kg	18101.65	0.48	砂浆搅拌机	台班	16.24	42.84
52.5水泥	kg	20349.76	0.50	5t载重汽车	台班	14.00	310.59
黄砂	m^3	70.76	90.00	木工圆锯	台班	0.36	171.28
碎石	m^3	40.23	108.00	翻斗车	台班	16.26	101.59
钢模	kg	152.96	9.95	挖土机	台班	1.00	1060.00
木门窗料	m^3	5.00	2480.00	混凝土搅拌机	台班	4.35	152.15
模板材	m^3	1.232	2200.00	卷扬机	台班	20.59	72.57
镀锌铁丝	kg	146.58	10.48	钢筋切断机	台班	2.79	161.47
灰土	m^3	54.74	50.48	钢筋弯曲机	台班	6.67	152.22
水	m^3	42.90	4.50	插入振动器	台班	32.37	11.82
电焊条	kg	12.98	6.67	平板振动器	台班	4.18	13.57
草袋子	m^3	24.30	0.94	履带式推土机	台班	10.38	858.54
黏土砖	千块	109.07	510.00	电动打夯机	台班	85.03	23.12
隔离剂	kg	20.22	2.00	普工	工日	350.00	60.00
铁钉	kg	61.57	5.70	一般技工	工日	100.00	80.00
钢筋ϕ10以内	t	2.307	3600.00	高级技工	工日	50.00	110.00

问题：(1) 单位工程施工图预算编制的定额单价法与实物量法的含义及优缺点是什么？

(2) 应用实物量法编制该基础工程的施工图预算。

参考答案

实务题

1. 问题 1：

按《建设工程工程量清单计价规范》（GB 50500—2013）规定，基础土方工程量按图示尺寸以基础垫层底面积乘以挖土深度计算。

基础土方工程量＝0.9×1200×1.8＝1944(m^3)，该分项工程量清单表如表 3.1.2 所示。

表 3.1.2　分项工程量清单表

序号	项目编码	项目名称	计量单位	工程数量
	010101003	挖基础土方 土壤类别：三类土 基础类型：砖大放脚带形基础 垫层宽度：900m 挖土深度：1.8m 弃土运距：4km	m^3	1944

问题 2：

计算综合单价时要考虑施工方案。按一般做法，三类土挖土深度超过 1.50m 时要考虑放坡，放坡系数为 0.33，砖基础要留每边 200mm 的工作面。

基础挖土截面积为(0.9＋0.2×2＋1.8×0.33)×1.8＝3.41(m^3)

挖土方工程量为 1200×3.41＝4092(m^3)

参考某省定额，三类土挖土方定额单价为 22.5 元/ m^3。

该项目直接工程费为 4092×22.5＝92070(元)

假定管理费费率为直接工程费 11.5%，利润为直接工程费 7%。

该项目综合费用为 92070＋92070×(11.5%＋7%)＝109102.95(元)

该项目综合单价为 109102.95÷1944＝56.12(元/ m^3)

2. 分析要点：

① 本案例已根据当地省级行政主管部门发布的《房屋建筑与装饰工程消耗量定额》中的消耗指标，进行了工料分析，并得出各项资源的消耗量和该地区相应的市场价格表，如表 3.1.1 所示。在此基础上可直接利用表 3.1.3 计算出该基础工程的人工费、材料费和施工机具使用费。

② 按背景材料给定的费率，并根据〔2013〕44 号文件关于建安工程费用的组成和规定取费。计算应计取的各项费用和税率，并汇总得出该基础工程的施工图预算造价。

问题 1：

① 定额单价法是指分部分项工程的单价为工料单价，将分部分项工程量乘以对应分部分项工程单价后的合计作为单位人、材、机费，再根据规定的计算方法计取企业管理费、利

润、规费和税金，将上述费用汇总后得到该单位工程的施工图预算造价。定额单价法中的单价一般采用地区统一单位估价表中的各分项工程工料单价。定额单价法具有计算简单、工作量较小和编制速度较快、便于工程造价管理部门集中统一管理的优点。但其价格水平只能反映定额编制年份的价格水平，在市场价格波动较大的情况下，单价法的计算结果会偏离实际价格水平，虽然可采用调价，但调价系数和指数从测定到颁布又滞后且计算也较烦琐。

② 实物量法是根据施工图计算的各分项工程量分别乘以地区定额中人工、材料、施工机械台班的定额消耗量，分类汇总得出该单位工程所需的全部人工、材料、施工机械台班消耗数量，然后再乘以当时当地人工工日单价、各种材料单价、施工机械台班单价，求出相应的人工费、材料费、施工机具使用费、企业管理费、利润、规费和税金等。实物量法的优点是能较及时地将反映各种材料、人工、机械的当时当地市场单价计人预算价格，不需调价，反映当时当地的工程价格水平，但计算过程较单价法烦琐。

问题 2：

① 根据表 3.1.1 中的各种资源的消耗量和市场价格，列表计算该基础工程的人工费、材料费和施工机具使用费，如表 3.1.3 所示。

由表 3.1.3 计算结果：

人工费 34500.00(元)

材料费 136380.45(元)

施工机具使用费 22756.24(元)

人材机之和的费用＝34500.00＋136380.45＋22756.24＝193636.69(元)

② 根据表 3.1.3 计算求得的人工费、材料费、施工机具使用费和背景材料给定的费率计算该工程的施工图预算，如表 3.1.4 所示。

总价措施项目费＝安全文明施工费＋其他总价措施项目费

＝(34500.00＋22756.24)×12%＋(34500.00＋22756.24)×8%

＝11451.25(元)

分部分项工程和措施项目的全部人材机之和＝193636.69＋11451.25＝205087.94(元)

表 3.1.3　分部分项工程和单价措施项目人、材、机费用计算表

资源名称	单位	消耗量	除税单价(元)	除税合价(元)	资源名称	单位	消耗量	除税单价(元)	除税合价(元)
32.5 水泥	kg	1740.84	0.46	800.79	砂浆搅拌机	台班	16.24	42.84	695.72
42.5 水泥	kg	18101.65	0.48	8688.79	5t 载重汽车	台班	14.00	310.59	4348.26
52.5 水泥	kg	20349.76	0.50	10174.88	木工圆锯	台班	0.36	171.28	61.66
黄砂	m^3	70.76	90.00	6368.40	翻斗车	台班	16.26	101.59	1651.85
碎石	m^3	40.23	108.00	4344.84	挖土机	台班	1.00	1060.00	1060.00
钢模	kg	152.96	9.95	1521.95	混凝土搅拌机	台班	4.35	152.15	661.85
木门窗料	m^3	5.00	2480.00	12400.00	卷扬机	台班	20.59	72.57	1494.22
模板材	m^3	1.232	2200.00	2710.40	钢筋切断机	台班	2.79	161.47	450.50
镀锌铁丝	kg	146.58	10.48	1536.16	钢筋弯曲机	台班	6.67	152.22	1015.31
灰土	m^3	54.74	50.48	2763.28	插入振动器	台班	32.37	11.82	382.61
水	m^3	42.90	4.50	193.05	平板振动器	台班	4.18	13.57	56.72
电焊条	kg	12.98	6.67	86.58	履带式推土机	台班	10.38	858.54	8911.65

续表 3.1.3

资源名称	单位	消耗量	除税单价（元）	除税合价（元）	资源名称	单位	消耗量	除税单价（元）	除税合价（元）
草袋子	m^3	24.30	0.94	22.84	电动打夯机	台班	85.03	23.12	1965.89
黏土砖	千块	109.07	510.00	55625.70	施工机具使用费合计				22756.244
隔离剂	kg	20.22	2.00	40.44	普工	工日	350.00	60.00	21000.00
铁钉	kg	61.57	5.70	350.95	一般技工	工日	100.00	80.00	8000.00
钢筋 ϕ10 以内	t	2.307	3600.00	8305.20	高级技工	工日	50.00	110.00	5500.00
钢筋 ϕ10 以上	t	5.526	3700.00	20446.20	人工费合计				34500.00
材料费合计				136380.45					

表 3.1.4　某工程施工图预算费用计算表

序号	费用名称	费用计算表达式	金额（元）
(1)	人材机费用之和	人工费＋材料费＋施工机具使用费	205087.94
	其中：安全文明施工费	(34500.00＋22756.24) ×12%	6870.75
(2)	企业管理费	(34500.00＋22756.24＋11451.25×45%)×15%	9361.40
(3)	利润	(34500.00＋22756.24＋11451.25×45%)×10%	6240.93
(4)	规费	(34500.00＋11451.25×35%)×15%＋3000.00	8776.35
(5)	税金	(205087.94＋9361.40＋6240.93＋8776.35)×11%	25241.33
(6)	预算造价	(1)＋(2)＋(3)＋(4)＋(5)	254707.95

第二节　预算定额的分类、适用范围、调整与应用

考纲要求

掌握预算定额的分类、适用范围、调整与应用。

考点汇总

一、预算定额的分类

(1) 按专业性质分，预算定额有建筑工程定额和安装工作定额两大类。

(2) 按管理权限和执行范围分，预算定额可分为全国统一定额、行业统一定额和地区统一定额等。

(3) 按物资要素区分的劳动定额、机械定额和材料消耗定额。

二、预算定额的适用范围

(1) 预算定额是编制施工图预算、确定建筑安装工程造价的基础。

(2) 预算定额是编制施工组织设计的依据。

(3) 预算定额是工程结算的依据。

(4) 预算定额是施工单位进行经济活动分析的依据。

(5) 预算定额是编制概算定额的基础。

(6) 预算定额是合理编制最高投标限价、投标报价的基础。

三、预算定额的调整与应用

(一) 预算定额的组成

预算定额一般由文字说明、定额项目表、定额附录组成。

1. 文字说明

(1) 预算定额的总说明。

(2) 建筑面积的计算规则。

2. 分项工程定额项目表

(1) 分项工程定额表头说明。

(2) 定额项目表。

3. 定额附录

附录的作用是供分析定额、换算定额和补充定额时使用。

(二) 预算定额的应用

当混凝土强度等级或混凝土中粗骨料的最大粒径与定额规定的不同时，允许换算。换算的基本公式是：

换算后的预算基价＝换算前的预算基价＋定额混凝土消耗量×(换入混凝土单价－换出混凝土单价)　(3.2.1)

当砌筑砂浆的种类或砌筑砂浆的强度等级与定额规定的不同时，允许换算。

换算后的预算基价＝换算前的预算基价＋定额砂浆消耗量×(换入砂浆单价－换出砂浆单价)　(3.2.2)

习题精选

实务题

1. 试根据当地定额确定 M7.5 水泥砂浆砌加气块墙的定额基价。

2. 试根据当地定额确定现浇 C50 混凝土矩形柱（现场搅拌）的定额基价。

参考答案

实务题

1. 由于砌加气块墙定额子目 4-31 中是按水泥砂浆 DM5.0 编制的，设计为 M7.5 的水泥砂浆，与定额不符，根据定额规定可以换算。

查定额子目 4-31，加气块墙定额基价为 535.23 元，水泥砂浆的定额含量为 0.15，砌筑砂浆 DM5.0-HR 单价为 459.00 元/m³。

查定额附录得：M7.5 水泥砂浆的材料单价为 223.77 元/m³。

M7.5 水泥砂浆砌加气块墙的定额基价＝535.23＋(223.77－459.00)×0.15＝499.94(元)

2. 由于现浇混凝土矩形柱的定额子目 5-7 中，定额按预拌混凝土的强度等级 C30 编制的，设计为 C50 混凝土柱，与定额不符，根据定额规定，可以换算。

查定额子目 5-7，现浇混凝土柱的定额基价为 478.71 元，混凝土的定额含量为 0.986，C30 预拌混凝土的材料单价为 410.00 元。查定额附录得：C50 混凝土的材料单价为 353.06 元/m³。

现浇 C50 混凝土矩形柱的定额基价＝478.71＋(353.06－410.00)×0.986＝422.57(m³)

再套用定额子目 5-154，现场搅拌混凝土调整费，现浇 C50 混凝土矩形柱（现场搅拌）的定额基价为 422.57＋44.58＝467.14(元)。

第三节　建筑安装工程费用定额

考纲要求

1. 熟悉建筑安装工程费用定额基本规定。
2. 掌握当地建筑安装工程费用定额取费程序及要求。

考点汇总

一、建筑安装工程费用定额的编制原则

(1) 合理确定定额水平的原则。

(2) 简明、适用性原则。

(3) 定性与定量分析相结合的原则。

二、规费与企业管理费费率的确定

(一) 规费费率

规费费率的计算公式

1. 以人材机费之和为计算基础

$$\text{规费费率}(\%)=\frac{\sum \text{规费缴纳标准}\times\text{每万元发承包价计算基数}}{\text{每万元发承包价中的人工费含量}}\times\text{人工费占人材机费的比例}(\%) \tag{3.3.1}$$

2. 以人工费和机械费合计为计算基础

$$\text{规费费率}(\%)=\frac{\sum \text{规费缴纳标准}\times\text{每万元发承包价计算基数}}{\text{每万元发承包价中的人工费含量和机械费含量}}\times 100\% \tag{3.3.2}$$

3. 以人工费为计算基础

$$\text{规费费率}(\%)=\frac{\sum \text{规费缴纳标准}\times\text{每万元发承包价计算基数}}{\text{每万元发承包价中的人工费含量}}\times 100\% \tag{3.3.3}$$

(二) 企业管理费费率

企业管理费由承包人投标报价时自主确定，其费率计算公式如下。

1. 以人材机费为计算基础

$$\text{企业管理费费率}(\%)=\frac{\text{生产工人年平均管理费}}{\text{年有效施工天数}\times\text{人工单价}}\times\text{人工费占直接费比例}(\%) \tag{3.3.4}$$

2. 以人工费和机械费合计为计算基础

$$\text{企业管理费费率}(\%)=\frac{\text{生产工人年平均管理费}}{\text{年有效施工天数}\times(\text{人工单价}+\text{每日机械使用费})}\times 100\% \tag{3.3.5}$$

3. 以人工费为计算基础

$$\text{企业管理费费率}(\%)=\frac{\text{生产工人年平均管理费}}{\text{年有效施工天数}\times\text{人工单价}}\times 100\% \tag{3.3.6}$$

三、利润

1. 以人工费与机械费之和为计算基础

$$\text{利润}=(\text{人工费}+\text{施工机具使用费})\times\text{相应利润率} \tag{3.3.7}$$

2. 以人工费为计算基础

$$\text{利润}=\text{人工费}\times\text{相应利润率} \tag{3.3.8}$$

四、税金

建筑安装工程费用中的税金是指按照国家税法规定的应计入建筑安装工程造价内的销项税额，按税前造价乘以增值税税率确定。

1. 采用一般计税方法时增值税的计算

当采用一般计税方法时，建筑业增值税税率为10%。计算公式为：

$$\text{增值税}=\text{税前造价}\times 10\% \tag{3.3.9}$$

税前造价为人工费、材料费、施工机具使用费、企业管理费、利润和规费之和，各费用项目均以不包含增值税可抵扣进项税额的价格计算。

2. 采用简易计税方法时增值税的计算

当采用简易计税方法时，建筑业增值税税率为3%。计算公式为：

$$\text{增值税}=\text{税前造价}\times 3\% \tag{3.3.10}$$

税前造价为人工费、材料费、施工机具使用费、企业管理费、利润和规费之和，各费用项目均以包含增值税进项税额的含税价格计算。

第四节　土建工程最高投标限价的编制

考纲要求

1. 熟悉最高投标限价的编制规定与依据。
2. 掌握最高投标限价的编制内容。

3. 掌握最高投标限价的计价程序与综合单价的确定。

考点汇总

一、最高投标限价的编制规定与依据

根据住房与城乡建设部颁布的《建筑工程施工发包与承包计价管理办法》（住建部令第16号）的规定，国有资金投资的建筑工程招标的，应当设有最高投标限价；非国有资金投资的建筑工程招标的，可以设有最高投标限价或者招标标底。

2013版工程量清单计价规范中将招标工程量清单表与工程量清单计价表两表合一，编制最高投标限价时，其项目编码、项目名称、项目特征、计量单位、工程量栏与招标工程量清单一致，对“综合单价”“合价”以及“其中：暂估价”按计价规范规定填写，如表3.4.1所示。

表3.4.1　分部分项工程量清单与计价表

工程名称：××保障房一期住宅工程　　　　标段：　　　　第×页　共×页

序号	项目编码	项目名称	项目特征	计量单位	工程量	金额（元）		
						综合单价	合价	其中：暂估价
		…						
		0105 混凝土及钢筋混凝土工程						
6	010503001001	基础梁	C30 预拌混凝土，梁底标高－1.55m	m^3	208	367.05	76346	
7	010515001001	现浇构件钢筋	螺纹钢 Q235，ϕ14	t	200	4821.35	964270	800000
		…						
		分部小计					2496270	800000

1. 编制最高投标限价的规定

（1）国有资金投资的工程建设项目应实行工程量清单招标，投标人的投标报价若超过公布的最高投标限价，则其投标作为废标处理。

（2）工程造价咨询人不得同时接受招标人和投标人对同一工程的最高投标限价和投标报价的编制。

（3）最高投标限价应在招标文件中公布，对所编制的最高投标限价不得进行上浮或下调。在公布最高投标限价时，除公布最高投标限价的总价外，还应公布各单位工程的分部分项工程费、措施项目费、其他项目费、规费和税金。

（4）最高投标限价超过批准的概算时，招标人应将其报原概算审批部门审核。

（5）当最高投标限价复查结论与原公布的最高投标限价误差大于±3%时，应责成招标人改正。当重新公布最高投标限价时，若重新公布之日起至原投标截止时间不足15d的，应延长投标截止期。

（6）招标人应将最高投标限价及有关资料报送工程所在地工程造价管理机构备查。

2. 最高投标限价的编制依据

（1）《建设工程工程量清单计价规范》（GB 50500—2013）与专业工程计算规范。

（2）国家或省级、行业建设主管部门颁发的计价定额和计价办法。

（3）建设工程设计文件及相关资料。

（4）拟定的招标文件及招标工程量清单。

（5）与建设项目相关的标准、规范、技术资料。

（6）施工现场情况、工程特点及常规施工方案。

（7）工程造价管理机构发布的工程造价信息；工程造价信息没有发布的，参照市场价。

（8）其他的相关资料。

二、最高投标限价的编制内容

最高投标限价的编制内容包括分部分项工程费、措施项目费、其他项目费、规费和税金，各个部分有不同的计价要求。

1. 分部分项工程费的编制要求

（1）分部分项工程费应根据招标文件中的分部分项工程量清单及有关要求，按《建设工程工程量清单计价规范》（GB 50500—2013）有关规定确定综合单价计价。

（2）工程量依据招标文件中提供的分部分项工程量清单确定。

（3）招标文件提供了暂估单价的材料，应按暂估单价计入综合单价。

（4）为使最高投标限价与投标报价所包含的内容一致，综合单价中应包括招标文件中要求投标人所承担的风险内容及其范围（幅度）产生的风险费用。

2. 措施项目费的编制要求

（1）措施项目费中的安全文明施工费应当按照国家或省级、行业建设主管部门的规定标准计价，该部分不得作为竞争性费用。

（2）措施项目应按招标文件中提供的措施项目清单确定，措施项目分为以“量”计算和以“项”计算两种。对于可精确计量的措施项目，以“量”计算即按其工程量用与分部分项工程量清单单价相同的方式确定综合单价；对于不可精确计量的措施项目，则以“项”为单位，采用费率法按有关规定综合取定，采用费率法时需确定某项费用的计费基数及其费率，结果应是包括除规费、税金以外的全部费用。

3. 其他项目费的编制要求

（1）暂列金额：暂列金额可根据工程的复杂程度、设计深度、工程环境条件（包括地质、水文、气候条件等）进行估算。

（2）暂估价：暂估价中的材料单价应按照工程造价管理机构发布的工程造价信息中的材料单价计算，工程造价信息未发布的材料单价，其单价参考市场价格估算；暂估价中的专业工程暂估价应分不同专业，按有关计价规定估算。

（3）计日工：在编制最高投标限价时，对计日工中的人工单价和施工机械台班单价应按省级、行业建设主管部门或其授权的工程造价管理机构公布的单价计算；材料应按工程造价管理机构发布的工程造价信息中的材料单价计算，工程造价信息未发布单价的材料，其价格应按市场调查确定的单价计算。

（4）总承包服务费：总承包服务费应按照省级或行业建设主管部门的规定计算，在计算时可参考以下标准。

1）招标人仅要求对分包的专业工程进行总承包管理和协调时，按分包的专业工程估算造价的1.5%计算。

2）招标人要求对分包的专业工程进行总承包管理和协调，并同时要求提供配合服务时，根据招标文件中列出的配合服务内容和提出的要求，按分包的专业工程估算造价的3%～5%计算。

3）招标人自行供应材料、工程设备的，按招标人供应材料、工程设备价值的1%计算。

4. 规费和税金的编制要求

规费和税金必须按国家或省级、行业建设主管部门的规定计算。税金计算式如下：

税金＝(分部分项工程量清单费＋措施项目清单费＋其他项目清单费＋规费)×综合税率 (3.4.1)

三、最高投标限价的计价程序与综合单价的确定

1. 最高投标限价计价程序

建设工程的最高投标限价反映的是单位工程费用，各单位工程费用是由分部分项工程费、措施项目费、其他项目费、规费和税金组成。单位工程最高投标限价计价程序如表3.4.2所示。

由于投标人（施工企业）投标报价计价程序与招标人（建设单位）最高投标限价计价程序具有相同的表格，为便于对比分析，此处将两种表格合并列出，其中表格栏目中斜线后带括号的内容用于投标报价，其余为通用栏目。

表3.4.2　建设单位工程最高投标限价计价程序（施工企业投标报价计价程序）

工程名称：　　　　　　　　　　　　　　标段：　　　　　　　　　　　　　第　页　共　页

序号	汇总内容	计算方法	金额（元）
1	分部分项工程	按计价规定计算/(自主报价)	
1.1			
1.2			
2	措施项目	按计价规定计算/(自主报价)	
2.1	其中：安全文明施工费	按规定标准估算/(按规定标准计算)	
3	其他项目		
3.1	其中：暂列金额	按计价规定估算/(按招标文件提供金额计列)	
3.2	其中：专业工程暂估价	按计价规定估算/(按招标文件提供金额计列)	
3.3	其中：计日工	按计价规定估算/(自主报价)	
3.4	其中：总承包服务费	按计价规定估算/(自主报价)	
4	规费	按规定标准计算	
5	税金（扣除不列入计税范围的工程设备金额）	(1＋2＋3＋4）×规定税率	
最高投标限价/(投标报价) 合计＝1＋2＋3＋4＋5			

注：本表适用于单位工程最高投标限价计算或投标报价计算，如无单位工程划分，单项工程也使用本表。

2. 综合单价的确定

最高投标限价的分部分项工程费应由各单位工程的招标工程量清单乘以其相应综合单价汇总而成。综合单价的确定，应按照招标文件中的分部分项工程量清单的项目名称、工程量、项目特征描述，依据工程所在地区颁发的计价定额和人工、材料、机械台班价格信息等进行编制，并应编制工程量清单综合单价分析表。

编制最高投标限价在确定其综合单价时，应考虑一定范围内的风险因素。在招标文件中

应通过预留一定的风险费用，或明确说明风险所包括的范围及超出该范围的价格调整方法。对于招标文件中未做要求的可按以下原则确定：

（1）对于技术难度较大和管理复杂的项目，可考虑一定的风险费用、并纳入到综合单价中。

（2）对于工程设备、材料价格的市场风险，应依据招标文件的规定、工程所在地或行业工程造价管理机构的有关规定，以及市场价格趋势考虑一定率值的风险费用，纳入到综合单价中。

（3）税金、规费等法律、法规、规章和政策变化的风险和人工单价等风险费用不应纳入综合单价。

习题精选

实务题

某工程建筑面积为 $1600m^2$，檐口高度为 11.60m，基础为无梁式满堂基础，地下室外墙为钢筋混凝土墙，满堂基础平面布置示意如图 3.4.1 所示，基础及剪力墙剖面示意如图 3.4.2所示。混凝土采用预拌混凝土，强度等级：基础垫层为 C15，满堂基础、混凝土墙均为 C30。项目编码及特征描述等见分部分项工程和单价措施项目工程量计算表（表 3.4.3）。招标文件规定：土质为三类土，所挖全部土方场内弃土运距 50m，基坑夯实回填，基底无需钎探，挖、填土方计算均按天然密实土体积计算。

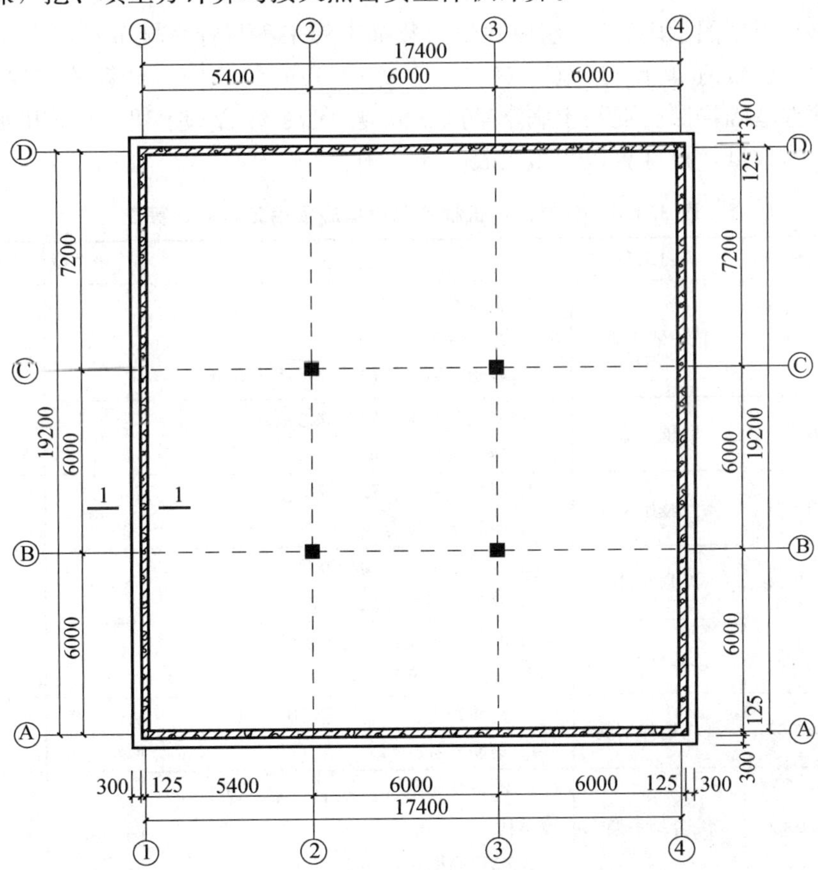

图 3.4.1　满堂基础平面布置示意

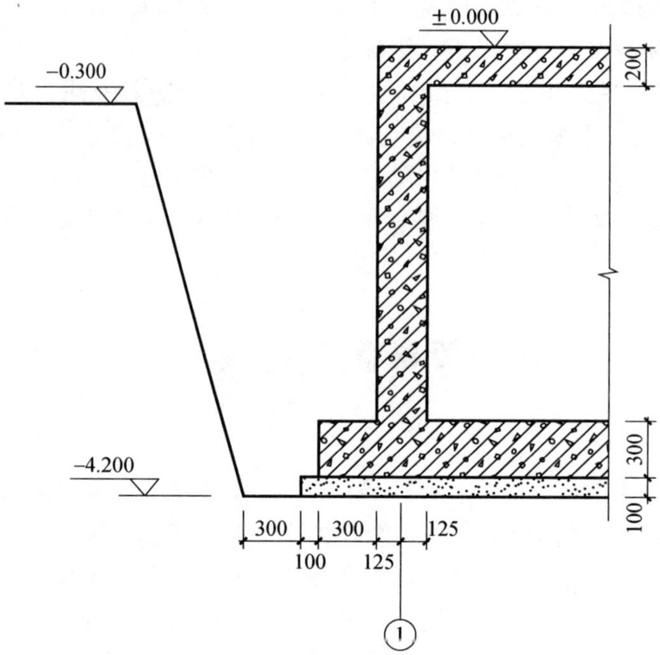

图 3.4.2　基础及剪力墙剖面示意

问题：(1) 根据图示内容、《房屋建筑与装饰工程工程量计算规范》(GB 50854—2013) 和《建设工程工程量清单计价规范》(GB 50500—2013) 的规定，计算该工程挖一般土方、回填土方、满堂基础垫层、混凝土满堂基础、混凝土墙、综合脚手架、垂直机械运输的招标工程量清单中的数量，将计算过程填入表 3.4.3 中。

表 3.4.3　分部分项工程和单价措施项目工程量计算表

序号	项目编码	项目名称	项目特征	计量单位	工程量	计算过程
1	010101002001	挖一般土方	1. 土壤类别：三类土 2. 挖土深度：3.9m 3. 弃土运距：场内堆放运距为 50m	m^3		
2	010103001001	回填土方	1. 密实度要求：符合规范要求 2. 填方运距：50m	m^3		
3	010501001001	满堂基础垫层	1. 混凝土种类：预拌混凝土 2. 混凝土强度等级：C15	m^3		
4	010501004001	满堂基础	1. 混凝土种类：预拌混凝土 2. 混凝土强度等级：C30	m^3		
5	010504001001	直行墙	1. 混凝土种类：预拌混凝土 2. 混凝土强度等级：C30	m^3		
6	010515001001	现浇构件钢筋	1. 钢筋种类：带肋钢筋 HRB400 2. 钢筋型号：Φ22	t	28.96	
7	011701001001	综合脚手架	1. 建筑结构形式：地上框架、地下剪力墙结构 2. 檐口高度：11.60m	m^2		

续表 3.4.3

序号	项目编码	项目名称	项目特征	计量单位	工程量	计算过程
8	011703001001	垂直运输机械	1. 建筑结构形式：地上框架、地下剪力墙结构 2. 檐口高度、层数：11.60m、三层	m^2		
9		其他工程	略			

(2) 依据工程所在省《房屋建筑与装饰工程消耗量定额》的规定，挖一般土方的工程量按设计图示基础（含垫层）尺寸，另加工作面宽度、土方放坡宽度乘以开挖深度，以体积计算，基础土方放坡，自基础（含垫层）底标高算起。混凝土基础垫层支模板和混凝土基础支模板的工作面均为每边 300mm，三类土放坡起点深度为 1.5m。采用机械挖土（坑内作业）放坡系数为 0.25，计算编制招标控制价时机械挖一般土方、回填土方的施工工程量。

(3) 工程所在省《房屋建筑与装饰工程消耗量定额》中部分分部分项工程人材机的消耗量如表 3.4.4 所示。该省行政主管部门发布的工程造价信息上的相关价格和部分市场资源价格如表 3.4.5 所示。部分单价措施项目人材机的费用如表 3.4.6 所示。该省发布的根据工程规模等指标确定的该工程的管理费率和利润率分别为定额人工费的 30%和 20%，招标工程量清单中已明确所有现浇构件钢筋的暂估单价均为 3000 元/t，钢筋的暂估总价为 280000 元。该省《房屋建筑与装饰工程消耗量定额》中的满堂基础垫层、满堂基础、混凝土墙、综合脚手架、垂直运输的工程量计算规则与《房屋建筑与装饰工程工程量计算规范》（GB 50854—2013）中的计算规则相同。除上述已计算的内容外，该工程其他的分部分项工程和单价措施项目费小计为 2100000 元（含单价措施项目费 100000 元）。上述价格和费用均不包含增值税可抵扣进项税额。编制该工程的挖一般土方、回填土方、混凝土满堂基础、钢筋等分部分项工程的综合单价分析表以及分部分项工程和单价措施项目清单与计价表。

(4) 总价措施项目清单编码如表 3.4.7 所示。安全文明施工费（含环境保护、文明施工、安全施工、临时设施）、夜间施工增加费、二次搬运费、冬雨期施工增加费、已完工程及设备保护费等以分部分项工程中的人工费作为计取基数，费率分别为 25%、3%、2%、1%、1.2%，总价措施费中的人工费含量为 20%。该工程的分部分项工程中的人工费为 403200 元，单价措施项目中的人工费为 6 万元，编制该工程的总价措施项目清单与计价表。

表 3.4.4　房屋建筑与装饰工程消耗量定额（节选）　　（$10m^3$）

定额编号			1-47	1-63	1-133	5-1	5-8	5-24	5-95
项目		单位	挖掘机挖装一般土方	机动翻斗车运土方不大于100m	机械夯填土	混凝土垫层	满堂基础（无梁式）	混凝土直行墙	现浇构件钢筋 Φ22（t）
人工	普工	工日	0.266		0.852	1.111	0.761	1.241	1.350
	一般技工	工日				2.221	1.522	2.482	2.700
	高级技工	工日				0.370	0.254	0.414	0.450

续表 3.4.4

定额编号			1-47	1-63	1-133	5-1	5-8	5-24	5-95
项目		单位	挖掘机挖装一般土方	机动翻斗车运土方不大于100m	机械夯填土	混凝土垫层	满堂基础（无梁式）	混凝土直行墙	现浇构件钢筋 ф22（t）
材料	预拌混凝土 C15	m^3				10.100			
	预拌混凝土 C30	m^3					10.100	9.825	
	塑料薄膜	m^2				47.775	25.095		
	土工布	m^2						0.703	
	水	m^3				3.950	1.520	0.690	0.093
	电	kW·h				2.310	2.310	3.660	
	预拌水泥砂浆	m^3						0.275	
	钢筋 HRB400 以内ф 22	t							1.025
	镀锌铁丝 ϕ0.7	kg							1.600
	低合金钢焊条	kg							4.800
机械	混凝土抹平机	台班					0.030		
	履带式推土机 75kW	台班	0.022						
	履带式单斗液压挖掘机 $1m^3$	台班	0.024						
	机动翻斗车 1t	台班		0.584					
	自卸汽车 15t	台班							
	电动夯实机 250N·m	台班			0.955				
	钢筋切断机 40mm	台班							0.090
	钢筋弯曲机 40mm	台班							0.180
	直流弧焊机 32kV·A	台班							0.400
	对焊机 75kV·A	台班							0.060
	电焊条烘干箱 45×35×45(cm^3)	台班							0.040

表 3.4.5　工程造价信息价格及市场资源价格表

序号	资源名称	单位	除税单价（元）	序号	资源名称	单位	除税单价（元）
1	普工	工日	60.00	13	混凝土抹平机	台班	41.56
2	一般技工	工日	80.00	14	履带式推土机 75kW	台班	858.54
3	高级技工	工日	110.00	15	履带式单斗液压挖掘机 $1m^3$	台班	1202.91
4	预拌混凝土 C15	m^3	300.00	16	机动翻斗车 1t	台班	161.22
5	预拌混凝土 C30	m^3	360.00	17	自卸汽车 15t	台班	985.32
6	塑料薄膜	m^2	2.50	18	电动夯实机 250N·m	台班	67.36
7	土工布	m^2	2.80	19	钢筋切断机 40mm	台班	45.46
8	水	m^3	4.40	20	钢筋弯曲机 40mm	台班	25.27
9	电	kW·h	0.90	21	直流弧焊机 32kV·A	台班	109.56
10	预拌水泥砂浆	m^3	420.00	22	对焊机 75kV·A	台班	135.08
11	镀锌铁丝 ϕ0.7	kg	8.57	23	电焊条烘干箱 45×35×45(cm^3)	台班	14.74
12	低合金钢焊条	kg	10.50				

表 3.4.6　单价措施项目消耗量定额费用表（除税）

定额编号	项目名称	计量单位	人工费（元）	材料费（元）	施工机具使用费（元）
17-21	基础垫层复合模板	m^2	13.70	26.69	0.62
17-25	满堂基础复合板木支撑	m^2	17.89	35.12	1.26
17-36	混凝土直行墙复合模板钢支撑	m^2	19.25	45.79	2.39
17-9	综合脚手架	m^2	24.69	15.02	4.01
17-76	垂直运输机械	m^2	1.04	0.00	35.43

表 3.4.7　总价措施项目清单的统一编码

项目编码	项目名称	项目编码	项目名称
011707001	安全文明施工费（含环境保护、文明施工、安全施工、临时设施）	011707005	冬雨期施工增加费
011707002	夜间施工增加费	011707007	已完工程及设备保护费
011707004	二次搬运费		

（5）招标工程量清单的其他项目清单中已明确：暂列金额 300000 元，发包人供应材料价值为 320000 元（总承包服务费按 1%计取）。专业工程暂估价 200000 元（总承包服务费按 5%计取），计日工中暂估普工 10 个，综合单价为 110 元/工日，水泥 2.6t，综合单价为 410 元/t；中砂 $10m^3$，综合单价为 120 元/m^3，灰浆搅拌机（400L）2 个台班，综合单价为 30.50 元/台班。编制其他项目清单与计价汇总表。

（6）若规费按分部分项工程和措施项目费中全部人工费的 26%计取，增值税税率为 11%。编制单位工程招标控制价汇总表，确定该单位工程的招标控制价。

参考答案

实务题

问题 1：

该工程挖一般土方、回填土方、余方弃置、满堂基础垫层、混凝土满堂基础、混凝土墙、综合脚手架、垂直机械运输的招标工程量清单中的数量和计算过程如表 3.4.8 所示。

表 3.4.8　分部分项工程和单价措施项目工程量计算表

序号	项目编码	项目名称	项目特征	计量单位	工程量	计算过程
1	010101002001	挖一般土方	1. 土壤类别：三类土 2. 挖土深度：3.9m 3. 弃土运距：场内堆放运距为 50m	m^3	1457.09	(17.4＋0.25＋0.3×2＋0.1×2)×(19.2＋0.25＋0.3×2＋0.1×2)×3.9＝1457.09
2	010103001001	回填土方	1. 密实度要求：符合规范要求 2. 填方运距：50m	m^3	108.44	1457.09－37.36－109.77－(17.4＋0.25)×(19.2＋0.25)×(3.9－0.1－0.3)＝108.44

续表 3.4.8

序号	项目编码	项目名称	项目特征	计量单位	工程量	计算过程
3	010501001001	满堂基础垫层	1. 混凝土种类：预拌混凝土 2. 混凝土强度等级：C15	m^3	37.36	(17.4＋0.25＋0.3×2＋0.1×2)×(19.2＋0.25＋0.3×2＋0.1×2)×0.1＝37.36
4	010501004001	满堂基础	1. 混凝土种类：预拌混凝土 2. 混凝土强度等级：C30	m^3	109.77	(17.4＋0.25＋0.3×2)×(19.2＋0.25＋0.3×2)×0.3＝109.77
5	010504001001	直行墙	1. 混凝土种类：预拌混凝土 2. 混凝土强度等级：C30	m^3	69.54	(17.4×2＋19.2×2)×0.25×(4.2－0.1－0.3)＝69.54
6	010515001001	现浇构件钢筋	1. 钢筋种类：带肋钢筋 HRB400 2. 钢筋型号：Φ22	t	28.96	
7	011701001001	综合脚手架	1. 建筑结构形式：地上框架、地下剪力墙结构 2. 檐口高度：11.60m	m^2	1600.00	建筑面积 1600.00
8	011703001001	垂直运输机械	1. 建筑结构形式：地上框架、地下剪力墙结构 2. 檐口高度、层数：11.60m、三层	m^2	1600.00	建筑面积 1600.00

问题 2：

依据工程所在省建设主管部门发布的《房屋建筑与装饰工程消耗量定额》的规定，计算基础挖一般土方、回填土方的施工工程量，自垫层底面开始放坡。

① 机械挖一般土方工程量计算。

挖土方下底面面积＝(17.4＋0.25＋0.3×2＋0.1×2＋0.3×2)×(19.2＋0.25＋0.3×2＋0.1×2＋0.3×2)＝397.19(m^2)

挖土方上底面面积＝(17.4＋0.25＋0.3×2＋0.1×2＋0.3×2＋3.9×0.25×2)×(19.2＋0.25＋0.3×2＋0.1×2＋0.3×2＋3.9×0.25×2)＝478.80(m^2)

机械挖土体积＝$(397.19+478.80+\sqrt{397.19\times478.80})\times3.9\times1/3=1705.70$($m^3$)

机动翻斗车场内运输所挖全部土方工程量＝挖土体积＝1705.70(m^3)

② 基础回填土工程量计算。

$V_r=V_W$－室外地坪标高以下埋设物体积

＝1705.70－37.36－109.77－(17.4＋0.25)×(19.2＋0.25)×(3.9－0.1－0.3)

＝357.05(m^3)

机动翻斗车场内运输回填土方工程量＝357.05(m^3)

问题 3：

根据表 3.4.4～表 3.4.6，以及管理费率和利润率分别为定额人工费的 30%和 20%，编制的分部分项工程综合单价分析表如表 3.4.9～表 3.4.12 所示，编制的分部分项工程和单价措施项目清单与计价表如表 3.4.13 所示。

表 3.4.9 挖一般土方综合单价分析表

项目编码	010101002001		项目名称	挖一般土方		计量单位	m^3		工程量	1457.09	
清单综合单价组成明细											
定额编号	定额名称	定额单位	数量	单价（元）				合价（元）			
				人工费	材料费	施工机具使用费	管理费和利润	人工费	材料费	施工机具使用费	管理费和利润
1-47	挖掘机挖装一般土方	$10m^3$	0.117	15.96		47.76	7.98	1.87		5.59	0.93
1-63	机动翻斗车运土方	$10m^3$	0.117			94.15				11.02	
人工单价		小计						1.87		16.61	0.93
60元/工日、80元/工日、110元/工日		未计价材料									
清单项目综合单价（元/m^3）								19.41			
材料费明细	主要材料名称、规格、型号					单位	数量	单价（元）	合价（元）	暂估单价（元）	暂估合价（元）
	其他材料费（元）										
	材料费小计（元）										

表 3.4.10 回填土方综合单价分析表

项目编码	010103001001		项目名称	回填土方		计量单位	m^3		工程量	108.44	
清单综合单价组成明细											
定额编号	定额名称	定额单位	数量	单价（元）				合价（元）			
				人工费	材料费	施工机具使用费	管理费和利润	人工费	材料费	施工机具使用费	管理费和利润
1-63	机动翻斗车运土方	$10m^3$	0.329			94.15				30.98	
1-133	机械夯填土	$10m^3$	0.329	51.12		64.33	25.56	16.82		21.16	8.41
人工单价		小计						16.82		52.14	8.41
60元/工日、80元/工日、110元/工日		未计价材料									
清单项目综合单价（元/m^3）								77.37			
材料费明细	主要材料名称、规格、型号					单位	数量	单价（元）	合价（元）	暂估单价（元）	暂估合价（元）
	其他材料费（元）										
	材料费小计（元）										

① 编制该工程的分部分项工程量清单综合单价分析表。

a. 机械挖一般土方综合单价分析表如表 3.4.9 所示。

每立方米机械挖一般土方清单工程量所含施工工程量：

机械挖一般土方：1705.70÷1457.09÷10＝0.117（$10m^3$）

机动翻斗车运土方：1705.70÷1457.09÷10＝0.117（$10m^3$）

b. 基础土方回填综合单价分析表如表 3.4.10 所示。

每立方米基础土方回填清单工程量所含施工工程量：

土方回填：357.05÷108.44÷10＝0.329（$10m^3$）

土方运输 50m：357.05÷108.44÷10＝0.329（$10m^3$）

c. 混凝土满堂基础综合单价分析表如表 3.4.11 所示。

满堂基础模板工程量＝[(17.4＋0.25＋0.3×2)×2＋(19.2＋0.25＋0.3×2)×2]×0.3＝22.98(m^2)

每立方米满堂基础清单工程量所含施工工程量：

满堂基础混凝土：109.77÷109.77÷10＝0.100(10m^3)

满堂基础模板：22.98÷109.77＝0.209(m^2)

表 3.4.11　混凝土满堂基础综合单价分析表

项目编码	010501002001	项目名称	混凝土满堂基础	计量单位		m^3		工程量		109.77	
清单综合单价组成明细											
定额编号	定额名称	定额单位	数量	单价（元）				合价（元）			
				人工费	材料费	施工机具使用费	管理费和利润	人工费	材料费	施工机具使用费	管理费和利润
5-8	满堂基础	10m^3	0.100	195.36	3707.50	1.25	97.68	19.54	370.75	0.13	9.77
17-25	满堂基础模板	m^2	0.209	17.89	35.12	1.26	8.95	3.74	7.34	0.26	1.87
人工单价		小计						23.28	378.09	0.39	11.64
60元/工日、80元/工日、110元/工日		未计价材料									
清单项目综合单价（元/m^3）								413.40			
材料费明细	主要材料名称、规格、型号				单位	数量		单价（元）	合价（元）	暂估单价（元）	暂估合价（元）
	预拌混凝土 C30				m^3	1.0100		360	363.60		
	塑料薄膜				m^2	2.5095		2.5	6.27		
	其他材料费（元）								8.22		
	材料费小计（元）								378.09		

d. 现浇构件钢筋综合单价分析表如表 3.4.12 所示。

表 3.4.12　现浇构件钢筋综合单价分析表

项目编码	010515001001	项目名称	现浇构件钢筋	计量单位		t		工程量		28.96	
清单综合单价组成明细											
定额编号	定额名称	定额单位	数量	单价（元）				合价（元）			
				人工费	材料费	施工机具使用费	管理费和利润	人工费	材料费	施工机具使用费	管理费和利润
5-95	带肋钢筋 HRB400Φ22	t	1.000	346.50	3139.52	61.16	173.25	346.50	3139.52	61.16	173.25
人工单价		小计						346.50	3139.52	61.16	173.25
60元/工日、80元/工日、110元/工日		未计价材料									
清单项目综合单价（元/m^3）								3720.43			
材料费明细	主要材料名称、规格、型号				单位	数量		单价（元）	合价（元）	暂估单价（元）	暂估合价（元）
	钢筋 HRB400Φ22				t	1.025				3000.00	3075.00
	低合金钢焊条 E43 系列				kg	4.800		10.50	50.40		
	其他材料费（元）							—	14.12	—	
	材料费小计（元）							—	64.52	—	3075.00

由表 3.4.12 可知：

Φ22 钢筋的暂估合价为：3075.00×28.96=89052.00(元)

其他规格型号钢筋的暂估合价为：280000.00−89052.00=190948.00(元)

d. 满堂基础垫层、混凝土直行墙的综合单价组成也包含各自模板的费用。

直行墙模板工程量=(17.4+0.25+19.2+0.25)×2×3.8+(17.4−0.25+19.2−0.25)×2×3.6=541.88(m^2)

混凝土直行墙单价（元/m^3）的计算过程如下。

每立方米混凝土直行墙工程量所含施工工程量：

直行墙混凝土：69.54÷69.54÷10=0.100(10m^3)

直行墙模板：541.88÷69.54=7.792(m^2)

人工费：(1.241×60+2.482×80+0.414×110)×0.100+7.792×19.25=181.85(元/m^3)

材料费：(9.825×360+0.703×2.8+0.690×4.4+3.660×0.9+0.275×420)×0.100+7.792×45.79=722.88(元/m^3)

施工机具使用费：0+7.792×2.39=18.62(元/m^3)

管理费：181.85×30%=54.56(元/m^3)

利润：181.85×20%=36.37(元/m^3)

混凝土直行墙的综合单价：181.85+722.88+18.62+54.56+36.37=1014.28(元/m^3)

满堂基础垫层模板工程量=[(17.4+0.25+0.3×2+0.1×2)×2+(19.2+0.25+0.3×2+0.1×2)×2]×0.1=7.74(m^2)

满堂基础垫层、综合脚手架、垂直机械运输等的综合单价的计算类似上述算法（计算过程略），分别为 369.56 元/m^3、56.07 元/m^2、36.99 元/m^2。

② 编制分部分项工程和单价措施项目清单与计价表，如表 3.4.13 所示。

表 3.4.13　分部分项工程和单价措施项目清单与计价表

序号	项目编码	项目名称	项目特征	计量单位	工程量	金额（元）		
						综合单价	合价	其中：暂估价
1	010101002001	挖一般土方	1. 土壤类别：二类土 2. 挖土深度：3.9m 3. 弃土运距：场内运输堆放距离为 50m	m^3	1457.09	19.41	28282.12	
2	010103001001	回填土方	1. 密实度要求：符合规范要求 2. 填方运距：50m	m^3	108.44	77.37	8390.00	
3	010501001001	满堂基础垫层	1. 混凝土种类：预拌混凝土 2. 混凝土强度等级：C15	m^3	37.36	369.56	13806.76	
4	010501004001	满堂基础	1. 混凝土种类：预拌混凝土 2. 混凝土强度等级：C30	m^3	109.77	413.40	45378.92	

续表 3.4.13

序号	项目编码	项目名称	项目特征	计量单位	工程量	金额（元）		
						综合单价	合价	其中：暂估价
5	010504001001	直行墙	1. 混凝土种类：预拌混凝土 2. 混凝土强度等级：C30	m^3	69.54	1014.28	70533.03	
6	010515001001	现浇构件钢筋	1. 钢筋种类：带肋钢筋 HRB400 2. 钢筋型号：Φ22	t	28.96	3720.43	107743.65	89052.00
7	011701001001	综合脚手架	1. 建筑结构形式：地上框架、地下剪力墙结构 2. 檐口高度：11.60m	m^2	1600.00	56.07	89712.00	
8	011703001001	垂直运输机械	1. 建筑结构形式：地上框架、地下剪力墙结构 2. 檐口高度、层数：11.60m、三层	m^2	1600.00	36.99	59184.00	
9	……	其他工程	（略）				2100000.00	190948.00
合计							2415286.83	

问题 4：

总价措施项目参照《建设工程工程量清单计价规范》（GB 50500—2013）选择列项，还可以根据工程实际情况补充，总价措施项目清单与计价表如表 3.4.14 所示。

表 3.4.14　总价措施项目清单与计价表

序号	项目编码	项目名称	计算基础	费率（%）	金额（元）	调整费率（%）	调整后金额（元）
1	011707001001	安全文明施工（含环境保护、文明施工、安全施工、临时设施）	403200.00	25	100800.00		
2	011707002001	夜间施工增加费	403200.00	3	12096.00		
3	011707004001	二次搬运费	403200.00	2	8064.00		
4	011707005001	冬雨期施工增加费	403200.00	1	4032.00		
5	011707007001	已完工程及设备保护费	403200.00	1.2	4838.40		
合计					129830.40		

安全文明施工费＝403200.00×25%＝100800.00(元)

夜间施工增加费＝403200.00×3%＝12096.00(元)

二次搬运费＝403200.00×2%＝8064.00(元)

冬雨期施工增加费＝403200.00×1%＝4032.00(元)

已完工程及设备保护费＝403200.00×1.2%＝4838.40(元)

其中人工费＝403200.00×(25%＋3%＋2%＋1%＋1.2%)×20%＝25966.08(元)

问题5：

该工程其他项目清单与计价汇总表如表3.4.15所示。

表3.4.15　其他项目清单与计价汇总表

序号	项目名称	计量单位	金额（元）	结算金额（元）	备注
1	暂列金额	元	300000.0		
2	材料暂估价	元	—		不计入总价
3	专业工程暂估价	元	200000.0		
4	计日工 10×110＋2.6×410＋10×120＋2×30.50＝3427.00（元）	元	3427.00		
5	总包服务费 200000×5%＝10000.00（元） 320000×1%＝3200.00（元）	元	13200.00		
	合计		516627.00		

问题6：

① 单位工程招标控制价汇总表如表3.4.16所示。其中：

措施项目费合计＝单价措施项目费＋总价措施项目费

＝(89712.00＋59184.00＋100000.00)＋129830.40

＝378726.40(元)

分部分项工程费合计＝2415286.83－248896.00＝2166390.83(元)

表3.4.16　单位工程招标控制价汇总表

序号	项目名称	金额（元）	其中：暂估价（元）
1	分部分项工程	2166390.83	280000.00
1.1	略		
…			
2	措施项目	378726.40	
	其中：安全文明施工费	100800.00	
3	其他项目	516627.00	
3.1	其中：暂列金额	300000.00	
3.2	其中：专业工程暂估价	200000.00	
3.3	其中：计日工	3427.00	
3.4	其中：总承包服务费	13200.00	
4	规费（403200.00＋60000.00＋25966.08）×26%	127183.18	
5	税金（2166390.83＋378726.40＋516627.00＋127183.18）×11%	350782.02	
	招标控制价合计＝1＋2＋3＋4＋5	3539709.43	

② 该单位工程招标控制价为3539709.43元。

第五节　土建工程投标报价的编制

考纲要求

1. 熟悉投标报价的编制程序。
2. 掌握投标报价的编制方法和内容。

考点汇总

一、投标报价的编制程序

（一）施工投标前期工作

1. 施工投标报价流程

施工投标报价流程如图 3.5.1 所示。

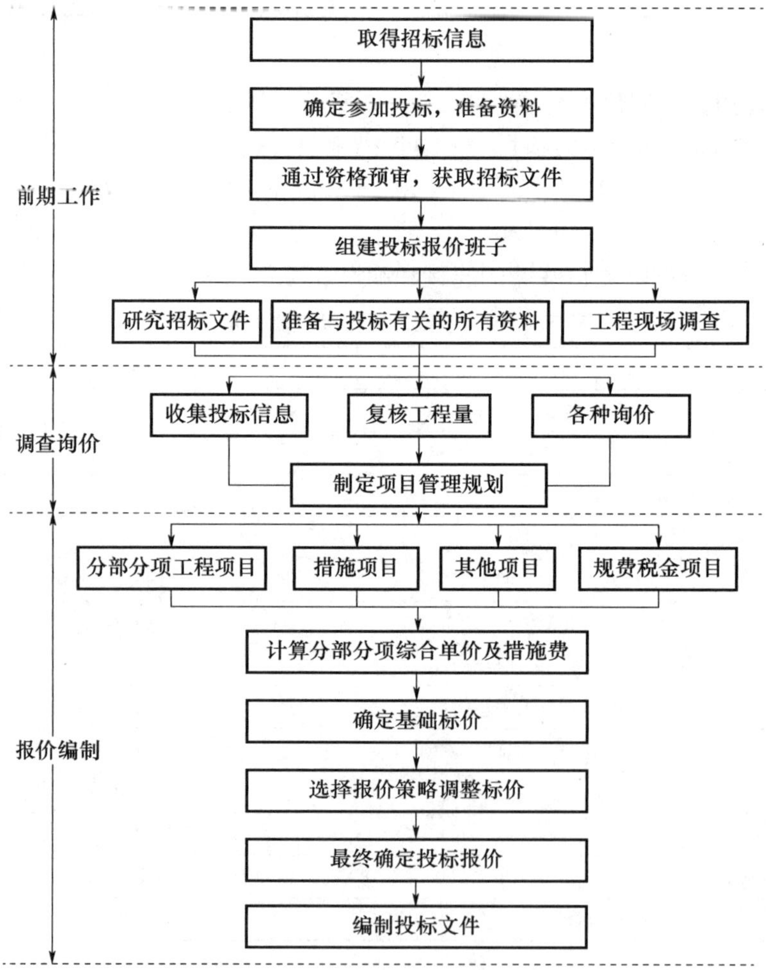

图 3.5.1　施工投标报价流程

2. 研究招标文件

（1）投标人须知特别要注意项目的资金来源、投标书的编制和递交、投标保证金、更改或备选方案、评标方法等，重点在于防止废标。

（2）合同分析。

1）合同背景分析。

2）合同形式分析，主要分析承包方式（如分项承包、施工承包、设计与施工总承包和管理承包等）、计价方式（如固定合同价格、可调合同价格和成本加酬金确定的合同价格等）。

3）合同条款分析，主要包括：① 承包商的任务、工作范围和责任。②工程变更及相应的合同价款调整。③付款方式、时间。④施工工期。⑤业主责任。

4）技术标准和要求分析。

5）图纸分析。

3. 调查工程现场

投标人对一般区域调查重点注意以下几个方面：

（1）自然条件调查。

（2）施工条件调查，主要包括：工程现场的用地范围、地形、地貌、地物、高程，地上或地下障碍物，现场的三通一平情况；工程现场周围的道路、进出场条件、有无特殊交通限制；工程现场施工临时设施、大型施工机具、材料堆放场地安排的可能性，是否需要二次搬运；工程现场邻近建筑物与招标工程的间距、结构形式、基础埋深、新旧程度、高度；市政给水及污水、雨水排放管线位置、高程、管径、压力、废水、污水处理方式，市政、消防供水管道管径、压力、位置等；当地供电方式、方位、距离、电压等；当地燃气供应能力，管线位置、高程等；工程现场通信线路的连接和铺设；当地政府有关部门对施工现场管理的一般要求、特殊要求及规定，是否允许节假日和夜间施工等。

（3）其他条件调查，主要包括：各种构件、半成品及商品混凝土的供应能力和价格，以及现场附近的生活设施、治安情况等。

（二）询价与核量

1. 询价

询价时要注意两个问题：一是产品质量必须可靠，并满足招标文件的有关规定；二是供货方式、时间、地点，有无附加条件和费用。

2. 复核工程量

3. 制定项目管理规划

（三）编制投标文件

1. 投标文件编制的内容

投标人应当按照招标文件的要求编制投标文件。投标文件应当包括下列内容：

（1）投标函及投标函附录。

（2）法定代表人身份证明或附有法定代表人身份证明的授权委托书。

（3）联合体协议书（如工程允许采用联合体投标）。

（4）投标保证金。

（5）已标价工程量清单。

（6）施工组织设计。

（7）项目管理机构。

（8）拟分包项目情况表。

（9）资格审查资料。

（10）规定的其他材料。

2. 投标文件编制时应遵循的规定

（1）投标文件应按“投标文件格式”进行编写。

（2）投标文件应当对招标文件有关工期、投标有效期、质量要求、技术标准和要求、招标范围等实质性内容做出响应。

（3）投标文件应由投标人的法定代表人或其委托代理人签字和单位盖章。委托代理人签字的，投标文件应附法定代表人签署的授权委托书。投标文件应尽量避免涂改、行间插字或删除。如果出现上述情况，改动之处应加盖单位印章或由投标人的法定代表人或其授权的代理人签字确认。

（4）投标文件正本一份，副本份数按招标文件有关规定。

（5）除招标文件另有规定外，投标人不得递交备选投标方案。

3. 投标文件的递交

投标人应当在招标文件规定的提交投标文件的截止时间前，将投标文件密封送达投标地点。

4. 联合体投标

两个以上法人或者其他组织可以组成一个联合体，以一个投标人的身份共同投标。联合体投标需遵循以下规定：

（1）联合体各方应按招标文件提供的格式签订联合体协议书，联合体各方应当指定牵头人，授权其代表所有联合体成员负责投标和合同实施阶段的主办、协调工作，并应当向招标人提交由所有联合体成员法定代表人签署的授权书。

（2）联合体各方签订共同投标协议后，不得再以自己名义单独投标，也不得组成新的联合体或参加其他联合体在同一项目中投标。联合体各方在同一招标项目中以自己名义单独投标或者参加其他联合体投标的，相关投标均无效。

（3）招标人接受联合体投标并进行资格预审的，联合体应当在提交资格预审申请文件前组成。资格预审后联合体增减、更换成员的，其投标无效。

（4）由同一专业的单位组成的联合体，按照资质等级较低的单位确定资质等级。

（5）联合体投标的，应当以联合体各方或者联合体中牵头人的名义提交投标保证金。以联合体中牵头人名义提交的投标保证金，对联合体各成员具有约束力。

二、投标报价编制的原则与依据

（一）投标报价的编制原则

报价是投标的关键性工作，报价是否合理不仅直接关系到投标的成败，还关系到中标后企业的盈亏。投标报价编制原则如下：

（1）投标报价由投标人自主确定，但必须执行工程量清单计价规范和各专业工程量清单计算规范的强制性规定。投标价应由投标人或受其委托具有相应资质的工程造价咨询人编制。

（2）投标报价不得低于工程成本。

（3）招标文件中设定的发承包双方责任划分，是投标报价费用计算必须考虑的因素。

（4）以施工方案、技术措施等作为投标报价计算的基本条件；以反映企业技术和管理水平的企业定额作为计算人工、材料和机械台班消耗量的基本依据；充分利用现场考察、调研成果、市场价格信息和行情资料，编制基础报价。

（5）报价计算方法要科学严谨，简明适用。

（二）投标报价的编制依据

《建设工程工程量清单计价规范》（GB 50500—2013）规定，投标报价应根据下列依据编制：

（1）工程量清单计价规范。

（2）国家或省级、行业建设主管部门颁发的计价办法。

（3）企业定额，国家或省级、行业建设主管部门颁发的计价定额。

（4）招标文件、工程量清单及其补充通知、答疑纪要。

（5）建设工程设计文件及相关资料。

（6）施工现场情况、工程特点及拟定的投标施工组织设计或施工方案。

（7）与建设项目相关的标准、规范等技术资料。

（8）市场价格信息或工程造价管理机构发布的工程造价信息。

（9）其他的相关资料。

三、投标报价的编制方法和内容

建设项目施工投标总价组成如图 3.5.2 所示。

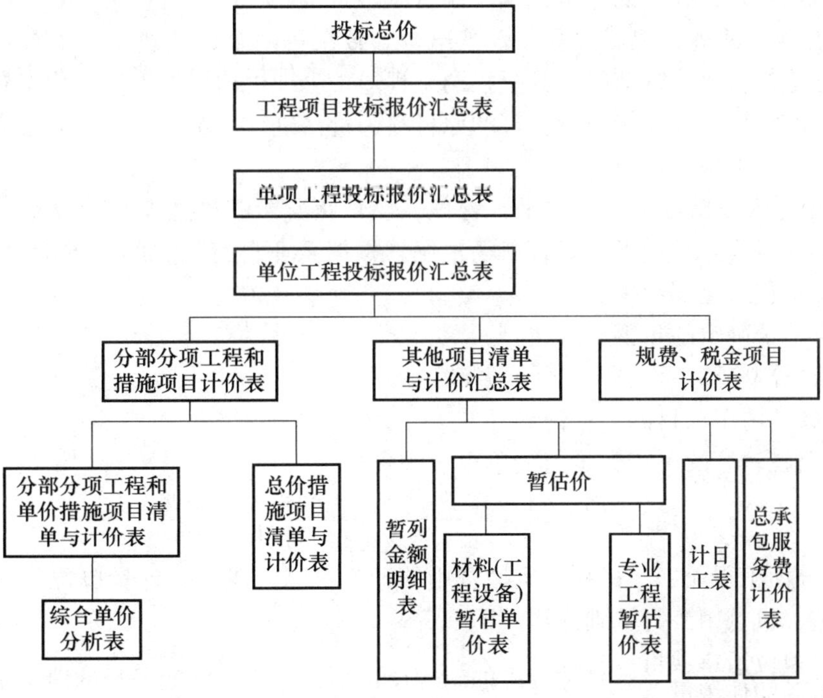

图 3.5.2　建设项目施工投标总价组成

（一）分部分项工程和单价措施项目清单与计价表的编制

1. 确定综合单价

综合单价包括完成一个规定工程量清单项目所需的人工费、材料费和工程设备费、施工机械使用费、企业管理费、利润，以及一定范围内的风险费用的分摊。

综合单价＝人工费＋材料和工程设备费＋施工机具使用费＋管理费＋利润(含风险费用)　(3.5.1)

（1）确定综合单价时的注意事项：

1）以项目特征描述为依据。在招标投标过程中，当出现招标工程量清单特征描述与设计图纸不符时，投标人应以招标工程量清单的项目特征描述为准，确定投标报价的综合单价。在工程实施阶段施工图纸或设计变更与招标工程量清单项目特征描述不一致时，发承包双方应按实际施工的项目特征，依据合同约定重新确定综合单价。

2）处理材料、工程设备暂估价。招标文件的其他项目清单中提供了暂估单价的材料和工程设备，应按其暂估的单价计入清单项目的综合单价。

3）考虑合理的风险。招标文件中要求投标人承担的风险费用，投标人应考虑进入综合单价。在施工过程中，当出现的风险内容及其范围（幅度）在招标文件规定的范围（幅度）内时，综合单价不得变动，合同价款不做调整。发承包双方对合同履行阶段的风险分摊可参照以下原则：

① 对于主要由市场价格波动导致的价格风险，如工程造价中的建筑材料、燃料等价格风险，发承包双方应当在招标文件中或在合同中对此类风险的范围和幅度予以明确约定，进行合理分摊。根据工程特点和工期要求，一般采取的方式是承包人承担5%以内的材料、工程设备价格风险，10%以内的施工机具使用费风险。

② 对于法律、法规、规章或有关政策出台导致工程税金、规费、人工费发生变化，并由省级、行业建设行政主管部门或其授权的工程造价管理机构根据上述变化发布的政策性调整，以及由政府定价或政府指导价管理的原材料等价格进行了调整，承包人不应承担此类风险，应按照有关调整规定执行。

③ 对于承包人根据自身技术水平、管理、经营状况能够自主控制的风险，如承包人的管理费、利润的风险，承包人应结合市场情况，根据企业自身的实际合理确定、自主报价，该部分风险由承包人全部承担。

（2）综合单价确定的步骤和方法：

1）确定计算基础。

2）分析每一清单项目的工程内容。

3）计算工程内容的工程数量与清单单位的含量。

$$\text{清单单位含量} = \frac{\text{某工程内容的定额工程量}}{\text{清单工程量}} \tag{3.5.2}$$

4）分部分项工程人工、材料、机械费用的计算。以完成每一计量单位的清单项目所需的人工、材料、机械用量为基础计算，即：

$$\begin{matrix}\text{每一计量单位清单项目}\\ \text{某种资源的使用量}\end{matrix} = \text{该种资源的定额单位用量} \times \text{相应定额条目的清单单位含量} \tag{3.5.3}$$

再根据预先确定的各种生产要素的单位价格可计算出每一计量单位清单项目的分部分项工程的人工费、材料费与施工机具使用费。

$$人工费=完成单位清单项目所需人工的工日数量\times人工工日单价 \quad (3.5.4)$$

$$材料费=\sum\begin{matrix}完成单位清单项目所需\\各种材料、半成品的数量\end{matrix}\times各种材料、半成品单价 \quad (3.5.5)$$

$$机械使用费=\sum\begin{matrix}完成单位清单项目所需\\各种机械的台班数量\end{matrix}\times各种机械的台班单价 \quad (3.5.6)$$

当招标人提供的其他项目清单中列示了材料暂估价时，应根据招标人提供的价格计算材料费，并在分部分项工程量清单与计价表中表现出来。

5）计算综合单价。企业管理费和利润的计算可按照人工费、材料费、机械费之和按照一定的费率取费计算。

$$企业管理费=(人工费+材料费+施工机具使用费)\times企业管理费费率 \quad (3.5.7)$$

$$利润=(人工费+材料费+施工机具使用费+企业管理费)\times利润率 \quad (3.5.8)$$

将上述五项费用汇总并考虑合理的风险费用后，即可得到清单综合单价。

2. 编制分部分项工程量清单与计价表

根据计算出的综合单价，可编制分部分项工程量清单与计价表，如表 3.5.1 所示，表中暂估价为招标人在招标工程量清单中给定的。

表 3.5.1　分部分项工程清单与计价表（投标报价）

工程名称：××保障房一期住宅工程　　　　标段：　　　　第×页　共×页

序号	项目编码	项目名称	项目特征	计量单位	工程量	金额（元）		
						综合单价	合价	其中：暂估价
		…						
		0105 混凝土及钢筋混凝土工程						
6	010503001001	基础梁	C30 预拌混凝土，梁底标高－1.55m	m^3	208	356.14	74077	
7	010515001001	现浇构件钢筋	螺纹钢 Q235，ϕ14	t	200	4787.16	957432	800000
		…						
		分部小计					2432419	800000

3. 编制工程量清单综合单价分析表

为表明综合单价的合理性，投标人应对其进行单价分析，以作为评标时的判断依据。综合单价分析表的编制应反映上述综合单价的编制过程，并按照规定的格式进行，如表 3.5.2 所示。

表 3.5.2　工程量清单综合单价分析表

工程名称：××保障房一期住宅工程　　　　　　标段：　　　　　　第×页　共×页

<table>
<tr><td>项目编码</td><td>010515001001</td><td>项目名称</td><td colspan="2">现浇构件钢筋</td><td colspan="2">计量单位</td><td colspan="2">t</td><td colspan="2">工程量</td><td>200</td></tr>
<tr><td colspan="12">清单综合单价组成明细</td></tr>
<tr><td rowspan="2">定额编号</td><td rowspan="2">定额名称</td><td rowspan="2">定额单位</td><td rowspan="2">数量</td><td colspan="4">单价（元）</td><td colspan="4">合价（元）</td></tr>
<tr><td>人工费</td><td>材料费</td><td>机械费</td><td>管理费和利润</td><td>人工费</td><td>材料费</td><td>机械费</td><td>管理费和利润</td></tr>
<tr><td>AD0899</td><td>现浇构件钢筋制安</td><td>t</td><td>1.07</td><td>293.75</td><td>4327.70</td><td>62.42</td><td>102.29</td><td>293.75</td><td>4327.70</td><td>62.42</td><td>102.29</td></tr>
<tr><td colspan="4">人工单价</td><td colspan="4">小计</td><td>293.75</td><td>4327.70</td><td>62.42</td><td>102.29</td></tr>
<tr><td colspan="4">80 元 / 工日</td><td colspan="4">未计价材料费</td><td colspan="4"></td></tr>
<tr><td colspan="8">清单项目综合单价（元/t）</td><td colspan="4">4787.16</td></tr>
<tr><td rowspan="5">材料费明细</td><td colspan="4">主要材料名称、规格、型号</td><td colspan="2">单位</td><td>数量</td><td>单价（元）</td><td>合价（元）</td><td>暂估单价（元）</td><td>暂估合价（元）</td></tr>
<tr><td colspan="4">螺纹钢 Q235，ϕ14</td><td colspan="2">t</td><td>1.07</td><td></td><td></td><td>4000.00</td><td>4280.00</td></tr>
<tr><td colspan="4">焊条</td><td colspan="2">kg</td><td>8.64</td><td>4.00</td><td>33.56</td><td></td><td></td></tr>
<tr><td colspan="7">其他材料费</td><td>—</td><td>13.14</td><td>—</td><td></td></tr>
<tr><td colspan="7">材料费小计</td><td>—</td><td>47.70</td><td>—</td><td>4280.00</td></tr>
</table>

（二）总价措施项目清单与计价表的编制

对于不能精确计量的措施项目，应编制总价措施项目清单与计价表。投标人对措施项目中的总价项目投标报价应遵循以下原则：

（1）措施项目的内容应依据招标人提供的措施项目清单和投标人投标时拟定的施工组织设计或施工方案。

（2）措施项目费由投标人自主确定，但其中安全文明施工费必须按照国家或省级、行业建设主管部门的规定计价，不得作为竞争性费用。招标人不得要求投标人对该项费用进行优惠，投标人也不得将该项费用参与市场竞争。

投标报价时总价措施项目清单与计价表的编制如表 3.5.3 所示。

表 3.5.3　总价措施项目清单与计价表

工程名称：××保障房一期住宅工程　　　　　　标段：　　　　　　第×页　共×页

序号	项目编码	项目名称	计算基础	费率（%）	金额（元）	调整费率（%）	调整后金额（元）	备注
1	011707001001	安全文明施工费	定额人工费	25	209650			
2	011707002001	夜间施工增加费	定额人工费	1.5	12479			
3	011707004001	二次搬运费	定额人工费	1	8386			
4	011707005001	冬雨期施工增加费	定额人工费	0.6	5032			
5	011707007001	已完工程及设备保护费	估算		6000			
		…						
合计					241547			

(三) 其他项目清单与计价表的编制

其他项目费主要由暂列金额、暂估价、计日工以及总承包服务费组成。

投标人对其他项目费投标报价时应遵循以下原则：

(1) 暂列金额应按照招标人提供的其他项目清单中列出的金额填写，不得变动。

(2) 暂估价不得变动和更改。招标文件暂估单价表中列出的材料、工程设备必须按招标人提供的暂估单价计入清单项目的综合单价。专业工程暂估价必须按照招标人提供的其他项目清单中列出的金额填写。

(3) 计日工应按照其他项目清单列出的项目和估算的数量，自主确定各项综合单价并计算费用，如表 3.5.4 所示。

表 3.5.4　计日工表

工程名称：××保障房一期住宅工程　　标段：　　第×页　共×页

编号	项目名称	单位	暂定数量	实际数量	综合单价（元）	合价（元）	
						暂定	实际
一	人工						
1	普工	工日	100		80	8000	
2	技工	工日	60		110	6600	
3							
人工小计						14600	
二	材料						
1	钢筋（规格见施工图）	t	1		4000	4000	
2	水泥 42.5	t	2		600	1200	
3	中砂	m^3	10		80	800	
4	砾门（5～40mm）	m^3	5		42	210	
5	页岩砖（240mm×115mm×53mm）	千匹	1		300	300	
材料小计						6510	
三	施工机械						
1	自升式塔吊起重机	台班	5		550	2750	
2	灰浆搅拌机（400L）	台班	2		20	40	
3							
施工机械小计						2790	
四、企业管理费和利润　按人工费 18%计						2628	
总计						26528	

(4) 总承包服务费应根据招标人在招标文件中列出的分包专业工程内容和供应材料、设备情况，按照招标人提出的协调、配合与服务要求和施工现场管理需要自主确定，如表 3.5.5 所示。

表 3.5.5　总承包服务费计价表

序号	项目名称	项目价值（元）	服务内容	计算基础	费率（%）	金额（元）
1	发包人发包专业工程	200000	1. 按专业工程承包人的要求提供施工工作面并对施工现场进行统一管理，对竣工资料进行统一整理汇总。 2. 为专业工程承包人提供垂直运输机械和焊接电源接入点，并承担垂直运输费和电费	项目价值	7	14000
2	发包人提供材料	845000	对发包人供应的材料进行验收及保管和使用发放	项目价值	0.8	6760
	合计	—	—		—	20760

（四）规费、税金项目清单与计价表的编制

规费和税金应按国家或省级、行业建设主管部门的规定计算，不得作为竞争性费用。

（五）投标价的汇总

投标人的投标总价应当与组成工程量清单的分部分项工程费、措施项目费、其他项目费和规费、税金的合计金额相一致，即投标人在进行工程量清单招标的投标报价时，不能进行投标总价优惠（或降价、让利），投标人对投标报价的任何优惠（或降价、让利）均应反映在相应清单项目的综合单价中。

施工企业某单位工程投标报价汇总表如表 3.5.6 所示。

表 3.5.6　投标报价计价汇总表

工程名称：××保障房一期住宅工程　　标段：　　第×页　共×页

序号	汇总内容	金额（元）	其中：暂估价（元）
1	分部分项工程	6318410	845000
…			
1.2	混凝土及钢筋混凝土工程	2432419	800000
…			
2	措施项目	738257	
2.1	其中：安全文明施工费	209650	
3	其他项目	597288	
3.1	其中：暂列金额	350000	
3.2	其中：专业工程暂估价	200000	
3.3	其中：计日工	26528	
3.4	其中：总承包服务费	20760	
4	规费	239001	
5	税金	268284	
投标报价合计=1+2+3+4+5		8161240	845000

习题精选

实务题

某工厂机修车间轻型钢屋架系统，成品轻型钢屋架安装、油漆、防火漆消耗量定额基价如表 3.5.7 所示。该轻型钢屋架系统分部分项工程量如表 3.5.8 所示。

表 3.5.7　轻型钢屋架安装、油漆量定额基价表

定额编号			6-10	6-35	6-36
项目			成品钢屋架安装	钢结构油漆	钢结构防火漆
			t	m^2	m^2
定额基价（元）			6854.10	40.10	21.69
其中	人工费（元）		378.10	19.95	15.20
	材料费（元）		6360.00	19.42	5.95
	机械费（元）		116.00	0.73	0.54
名称	单位	单价（元）			
综合工日	工日	95.00	3.98	0.21	0.16
成品钢屋架	t	6200.00	1.00		
油漆	kg	25.00		0.76	
防火漆	kg	17.00			0.30
其他材料费	元		160.00	0.42	0.85
机械费	元		116.00	0.73	0.54

表 3.5.8　轻型钢屋架分部分项工程量计算表

序号	项目名称	计量单位	工程量	计算式
1	轻型钢屋架	t	8.67	17×510=8670(kg)-8.67(t)
2	上弦水平支撑	t	0.67	12×56=672(kg)=0.67(t)
3	下弦水平支撑	t	0.72	12×60=720(kg)=0.72(t)
4	垂直支撑	t	0.45	3×150=450(kg)=0.45(t)
5	系杆 XG1	t	3.47	(16×4+13)×45=3465(kg)=3.47(t)
6	系杆 XG2	t	2.16	(16×2+13)×48=2160(kg)=2.16(t)

注：本消耗定额基价表中费用均不包含增值税可抵扣进项税额。

问题：(1) 经测算轻型钢屋架表面涂刷工程量按 $35m^2/t$ 计算；《房屋建筑与装饰工程工程量计算规范》(GB 50854—2013) 钢屋架的项目编码为 010602001，企业管理费按人工、材料、机械费之和的 10%计取，利润按人工、材料、机械费、企业管理费之和的 7%计取，按《建设工程工程量清单计价规范》(GB 50500—2013) 的要求，结合轻型钢屋架消耗量定额基价表，列式计算每吨钢屋架油漆、防火漆的消耗量及费用，其他材料费用；

完成表 3.5.9。

表 3.5.9　轻型钢屋架综合单价分析表

项目编码	010602001001		项目名称		轻型钢屋架	计量单位		t	工程量	8.67	
清单综合单价组成明细											
定额编号	定额名称	定额单位	数量	单价（元）				合价（元）			
				人工费	材料费	施工机具使用费	管理费和利润	人工费	材料费	施工机具使用费	管理费和利润
人工单价		小计									
95 元/工日		未计价材料费（元）						0.00			
清单项目综合单价（元/t）								10612.83			
材料费明细	主要材料名称、规格、型号				单位	数量		单价（元）	合价（元）	暂估单价（元）	暂估合价（元）
	其他材料费（元）										
	材料费小计（元）										

（2）根据问题 1 的计算结果，及表 3.5.10 中给定的信息，按《建设工程工程量清单计价规范》（GB 50500—2013）的要求，完成表 3.5.10。

表 3.5.10　分部分项工程和单价措施项目清单与计价表

序号	项目编码	项目名称	项目特征描述	计量单位	工程量	金额（元）	
						综合单价	合价
分部分项工程							
1							
2							
3							
4							
5							
6							
合计（元）							

（3）假定该分部分项工程费为 185000.000 元；单价措施项目费为 25000.00 元；总价措施项目仅考虑安全文明施工费，安全文明施工费按分部分项工程费的 4.5%计取；其他项目费为零；人工费占分部分项工程及措施项目费的 8%，规费按人工费的 24%计取；增值税税率按 11%计取。按《建设工程工程量清单计价规范》（GB 50500—2013）的要求，列式计算安全文明施工费、措施项目费、规费、增值税，并完成表 3.5.11。

表 3.5.11　单位工程招标控制价汇总表

序号	项目名称	金额（元）
1	分部分项工程费	
2	措施项目费	
2.1	其中：安全文明施工费	
3	其他项目费	
4	规费	
5	税金	
招标控制价		

参考答案

实务题

问题 1：

每吨钢屋架油漆消耗量：35×0.76＝26.60(kg)

每吨钢屋架油漆材料费：26.60×25＝665.00(元)

每吨钢屋架防火漆消耗量：35×0.3＝10.50(kg)

每吨钢屋架防火漆材料费：10.5×17＝178.50(元)

每吨钢屋架其他材料费:160＋(0.42＋0.85)×35＝204.45(元)

编制后的轻型钢架综合单价分析表如表 3.5.12 所示。

表 3.5.12　轻型钢屋架综合单价分析表

项目编码	010602001001	项目名称	轻型钢屋架	计量单位	t	工程量	8.67				
清单综合单价组成明细											
定额编号	定额名称	定额单位	数量	单价（元）				合价（元）			
				人工费	材料费	施工机具使用费	管理费和利润	人工费	材料费	施工机具使用费	管理费和利润
6-10		t	1	378.10	6360.0	116.00	1213.18	378.10	6360.00	116.00	1213.18
6-35		m^2	35	19.95	19.42	0.73	7.10	698.25	679.70	25.55	248.50
6-36		m^2	35	15.20	5.95	0.54	3.84	532.00	208.25	18.90	134.40
人工单价		小计						1608.35	7247.95	160.45	1596.08
95 元/工日		未计价材料费（元）						0.00			
清单项目综合单价（元/t）								10612.83			
材料费明细	主要材料名称、规格、型号				单位	数量		单价（元）	合价（元）	暂估单价（元）	暂估合价（元）
	成品轻型钢屋架				t	1.00		6200.00	6200.00		
	油漆				kg	26.60		25.00	665.00		
	防火漆				kg	10.50		17.00	178.50		
	其他材料费（元）								204.45		
	材料费小计（元）								7247.95		

问题 2：

编制后的分部分项工程和单价措施项目清单与计价表如表 3.5.13 所示。

表 3.5.13　分部分项工程和单价措施项目清单与计价表

序号	项目编码	项目名称	项目特征描述	计量单位	工程量	金额（元）	
						综合单价	合价
分部分项工程							
1	010602001001	轻型钢屋架	材质 Q235 镇静钢	t	8.67	10612.83	92013.24
2	010606001001	上弦水平支撑	材质 Q235 镇静钢	t	0.67	9620.00	6445.40
3	010606001002	下弦水平支撑	材质 Q235 镇静钢	t	0.72	9620.00	6926.40
4	010606001003	垂直支撑	材质 Q235 镇静钢	t	0.45	9620.00	4329.00
5	010606001004	系杆 XG1	材质 Q235 镇静钢	t	3.47	8850.00	30709.50
6	010606001005	系杆 XG2	材质 Q235 镇静钢	t	2.16	8850.00	19116.00
合计（元）							159539.54

问题 3：

安全文明施工费＝185000×4.5%＝8325.00(元)

措施项目费＝25000.00＋8325.00＝33325.00(元)

规费＝(185000.00＋33325.00)×8%×24%＝4191.84(元)

增值税＝(185000.00＋33325.00＋4191.84)×11%＝24476.85(元)

编制后的单位工程招标控制价汇总表如表 3.5.14 所示。

表 3.5.14　单位工程招标控制价汇总表

序号	项目名称	金额（元）
1	分部分项工程费	185000.00
2	措施项目费	33325.00
2.1	其中：安全文明施工费	8325.00
3	其他项目费	0.00
4	规费	4191.84
5	税金	24476.85
招标控制价		246993.69

第六节　土建工程价款结算和合同价款的调整

考纲要求

1. 熟悉预付款和期中支付。
2. 掌握结算和索赔程序和方法。

考点汇总

一、预付款

1. 预付款的支付

（1）工程预付款额度。

1）百分比法：根据《建设工程价款结算暂行办法》的规定，预付款的比例原则上不低于合同金额的10%，不高于合同金额的30%。

2）公式计算法：

$$工程预付款数额=\frac{工程总价\times材料比例（\%）}{年度施工天数}\times材料储备定额天数 \tag{3.6.1}$$

式中，年度施工天数按365天日历天计算；材料储备定额天数由当地材料供应的在途天数、加工天数、整理天数、供应间隔天数、保险天数等因素决定。

（2）预付款的支付时间：根据《建设工程价款结算暂行办法》（财建〔2004〕369号）的规定，在具备施工条件的前提下，发包人应在双方签订合同后的一个月内或不迟于约定的开工日期前的7d内预付工程款，发包人不按约定预付，承包人应在预付时间到期后10d内向发包人发出要求预付的通知，发包人收到通知后仍不按要求预付，承包人可在发出通知14d后停止施工，发包人应从约定应付之日起向承包人支付应付款的利息（利率按同期银行贷款利率计），并承担违约责任。

1）承包人应在签订合同或向发包人提供与预付款等额的预付款保函（如有）后向发包人提交预付款支付申请。

2）发包人应在收到支付申请的7d内进行核实后向承包人发出预付款支付证书，并在签发支付证书后的7d内向承包人支付预付款。

3）发包人没有按合同约定按时支付预付款的，承包人可催告发包人支付；发包人在预付款期满后的7d内仍未支付的，承包人可在付款期满后的第8d起暂停施工。发包人应承担由此增加的费用和（或）延误的工期，并向承包人支付合理利润。

2. 预付款的扣回

扣款的方法主要有以下两种：

（1）按合同约定扣款：预付款的扣款方法由发包人和承包人通过洽商后在合同中予以确定，一般是在承包人完成金额累计达到合同总价的一定比例后，由承包人开始向发包人还款，发包方从每次应付给承包人的金额中扣回工程预付款，发包人至少在合同规定的完工期前将工程预付款的总金额逐次扣回。国际工程中的扣款方法一般为：当工程进度款累计金额超过合同价格的10%～20%时开始起扣，每月从进度款中按一定比例扣回。

（2）起扣点计算法：从未施工工程尚需的主要材料及构件的价值相当于工程预付款数额时起扣，此后每次结算工程价款时，按材料所占比重扣减工程价款，至工程竣工前全部扣清。起扣点的计算公式如下：

$$T=P-\frac{M}{N} \tag{3.6.2}$$

式中　T——起扣点（即工程预付款开始扣回时）的累计完成工程金额；

M——工程预付款总额；

N——主要材料及构件所占比重；

P——承包工程合同总额。

该方法对承包人比较有利，最大限度地占用了发包人的流动资金，但是，显然不利于发包人资金使用。

3. 预付款担保

（1）预付款担保的概念及作用：预付款担保是指承包人与发包人签订合同后领取预付款前，承包人正确、合理使用发包人支付的预付款而提供的担保。其主要作用是保证承包人能够按合同规定的目的使用并及时偿还发包人已支付的全部预付金额。如果承包人中途毁约，中止工程，使发包人不能在规定期限内从应付工程款中扣除全部预付款，则发包人有权从该项担保金额中获得补偿。

（2）预付款担保的形式：预付款担保的主要形式为银行保函。预付款担保的担保金额通常与发包人的预付款是等值的。预付款一般逐月从工程预付款中扣除，预付款担保的担保金额也相应逐月减少。承包人在施工期间，应当定期从发包人处取得同意此保函减值的文件，并送交银行确认。承包人还清全部预付款后，发包人应退还预付款担保，承包人将其退回银行注销，解除担保责任。

4. 安全文明施工费

发包人应在工程开工后的28d内预付不低于当年施工进度计划的安全文明施工费总额的60%，其余部分按照提前安排的原则进行分解，与进度款同期支付。

发包人没有按时支付安全文明施工费的，承包人可催告发包人支付；发包人在付款期满后的7d内仍未支付的，若发生安全事故，发包人应承担连带责任。

二、期中支付

1. 期中支付价款的计算

（1）已完工程的结算价款：已标价工程量清单中的单价项目，承包人应按工程计量确认的工程量与综合单价计算。如综合单价发生调整的，以发、承包双方确认调整的综合单价计算进度款。

已标价工程量清单中的总价项目，承包人应按合同中约定的进度款支付分解，分别列入进度款支付申请中的安全文明施工费和本周期应支付的总价项目的金额中。

（2）结算价款的调整：承包人现场签证和得到发包人确认的索赔金额列入本周期应增加的金额中。由发包人提供的材料、工程设备金额，应按照发包人签约提供的单价和数量从进度款支付中扣出，列入本周期应扣减的金额中。

（3）进度款的支付比例：进度款的支付比例按照合同约定，按期中结算价款总额计，不低于60%，不高于90%。

2. 期中支付的程序

（1）进度款支付申请：承包人应在每个计量周期到期后向发包人提交已完工程进度款支付申请，一式四份，详细说明此周期认为有权得到的款额，包括分包人已完工程的价款。支付申请的内容包括：

1）累计已完成的合同价款。

2）累计已实际支付的合同价款。

3）本周期合计完成的合同价款，其中包括：①本周期已完成单价项目的金额；②本周期应支付的总价项目的金额；③本周期已完成的计日工价款；④本周期应支付的安全文明施工费；⑤本周期应增加的金额。

4）本周期合计应扣减的金额，其中包括：①本周期应扣回的预付款；②本周期应扣减的金额。

5）本周期实际应支付的合同价款。

（2）进度款支付证书：发包人应在收到承包人进度款支付申请后，根据计量结果和合同约定对申请内容予以核实，确认后向承包人出具进度款支付证书。若发、承包双方对有的清单项目的计量结果出现争议，发包人应对无争议部分的工程计量结果向承包人出具进度款支付证书。

（3）支付证书的修正：发现已签发的任何支付证书有错、漏或重复的数额，发包人有权予以修正，承包人也有权提出修正申请。经发、承包双方复核同意修正的，应在本次到期的进度款中支付或扣除。

三、竣工结算

1. 工程竣工结算的编制依据

（1）建设工程工程量清单计价规范以及各专业工程工程量清单计算规范。

（2）工程合同。

（3）发承包双方实施过程中已确认的工程量及其结算的合同价款。

（4）发承包双方实施过程中已确认调整后追加（减）的合同价款。

（5）建设工程设计文件及相关资料。

（6）投标文件。

（7）其他依据。

2. 工程竣工结算的计价原则

在采用工程量清单计价的方式下，工程竣工结算的编制应当规定的计价原则如下：

（1）分部分项工程和措施项目中的单价项目应依据双方确认的工程量与已标价工程量清单的综合单价计算；如发生调整的，以发、承包双方确认调整的综合单价计算。

（2）措施项目中的总价项目应依据合同约定的项目和金额计算；如发生调整的，以发承包双方确认调整的金额计算，其中安全文明施工费必须按照国家或省级、行业建设主管部门的规定计算。

（3）其他项目应按下列规定计价：

1）计日工应按发包人实际签证确认的事项计算。

2）暂估价应按发、承包双方按照《建设工程工程量清单计价规范》（GB 50500—2013）的相关规定计算。

3）总承包服务费应依据合同约定金额计算，如发生调整的，以发、承包双方确认调整的金额计算。

4）施工索赔费用应依据发、承包双方确认的索赔事项和金额计算。

5）现场签证费用应依据发、承包双方签证资料确认的金额计算。

6）暂列金额应减去工程价款调整（包括索赔、现场签证）金额计算，如有余额归发包人。

（4）规费和税金应按照国家或省级、行业建设主管部门的规定计算。规费中的工程排污费应按工程所在地环境保护部门规定标准缴纳后按实列入。

此外，发、承包双方在合同工程实施过程中已经确认的工程计量结果和合同价款，在竣工结算办理中应直接进入结算。

3. 竣工结算款的支付

工程竣工结算文件经发承包双方签字确认的，应当作为工程结算的依据，未经对方同意，另一方不得就已生效的竣工结算文件委托工程造价咨询机构重复审核。发包方应当按照竣工结算文件及时支付竣工结算款。

（1）承包人提交竣工结算款支付申请。

（2）发包人签发竣工结算支付证书。

（3）支付竣工结算款，发包人签发竣工结算支付证书后的14d内，按照竣工结算支付证书列明的金额向承包人支付结算款。

发包人在收到承包人提交的竣工结算款支付申请后7d内不予核实，不向承包人签发竣工结算支付证书的，视为承包人的竣工结算款支付申请已被发包人认可；发包人应在收到承包人提交的竣工结算款支付申请7d后的14d内，按照承包人提交的竣工结算款支付申请列明的金额向承包人支付结算款。

发包人未按照规定的程序支付竣工结算款的，承包人可催告发包人支付，并有权获得延迟支付的利息。发包人在竣工结算支付证书签发后或者在收到承包人提交的竣工结算款支付申请7d后的56d内仍未支付的，除法律另有规定外，承包人可与发包人协商将该工程折价，也可直接向人民法院申请将该工程依法拍卖。承包人就该工程折价或拍卖的价款优先受偿。

4. 合同解除的价款结算与支付

发承包双方协商一致解除合同的，按照达成的协议办理结算和支付合同价款。

由于不可抗力解除合同的，发包人除应向承包人支付合同解除之日前已完成工程但尚未支付的合同价款，还应支付下列金额：

（1）合同中约定应由发包人承担的费用。

（2）已实施或部分实施的措施项目应付价款。

（3）承包人为合同工程合理订购且已交付的材料和工程设备货款。发包人一经支付此项货款，该材料和工程设备即成为发包人的财产。

（4）承包人撤离现场所需的合理费用，包括员工遣送费和临时工程拆除、施工设备运离现场的费用。

（5）承包人为完成合同工程而预期开支的任何合理费用，且该项费用未包括在本款其他各项支付之内。

发承包双方办理结算合同价款时，应扣除合同解除之日前发包人应向承包人收回的价款。当发包人应扣除的金额超过了应支付的金额，则承包人应在合同解除后的56d内将其差额退还给发包人。

四、最终结清

1. 最终结清申请单

缺陷责任期终止后，承包人已按合同规定完成全部剩余工作且质量合格的，发包人签发缺陷责任期终止证书，承包人可按合同约定的份数和期限向发包人提交最终结清申请单，并提供相关证明材料，详细说明承包人根据合同规定已经完成的全部工程价款金额以及承包人认为根据合同规定应进一步支付给他的其他款项。

2. 最终支付证书

发包人收到承包人提交的最终结清申请单后的14d内予以核实，向承包人签发最终支付证书。

发包人应在收到最终结清支付申请后的14d内予以核实，向承包人签发最终结清支付证书。

3. 最终结清付款

发包人应在签发最终结清支付证书后的14d内，按照最终结清支付证书列明的金额向承包人支付最终结清款。最终结清付款后，承包人在合同内享有的索赔权利也自行终止。发包人未按期支付的，承包人可催告发包人在合理的期限内支付，并有权获得延迟支付的利息。

五、索赔的处理

（一）工程索赔的分类

1. 按索赔的当事人分类

根据索赔的合同当事人不同，可以将工程索赔分为：

（1）承包人与发包人之间的索赔。

（2）总承包人和分包人之间的索赔。

2. 按索赔目的和要求分类

根据索赔的目的和要求不同，可以将工程索赔分为工期索赔和费用索赔。

3. 按索赔事件的性质分类

根据索赔事件的性质不同，可以将工程索赔分为：

（1）工程延误索赔。

（2）加速施工索赔。

（3）工程变更索赔。

（4）合同终止的索赔。

（5）不可预见的不利条件索赔。

（6）不可抗力事件的索赔。

（7）其他索赔：如因货币贬值、汇率变化、物价上涨、政策法令变化等原因引起的索赔。

引起索赔事件的原因不同，对一方当事人提出的索赔可能给予合理补偿工期、费用和（或）利润的情况也有所不同。其中，引起承包人索赔的事件以及可能得到的合理补偿内容如表3.6.1所示。

表3.6.1　承包人的索赔事件及可补偿内容

序号	条款号	索赔事件	可补偿内容		
			工期	费用	利润
1	1.6.1	迟延提供图纸	√	√	√
2	1.10.1	施工中发现文物、古迹	√	√	
3	2.3	迟延提供施工场地	√	√	√

续表 3.6.1

序号	条款号	索赔事件	可补偿内容		
			工期	费用	利润
4	3.3.5	监理人指令迟延或错误	√	√	
5	3.11	施工中遇到不利物质条件	√	√	
6	5.2.4	提前向承包人提供材料、工程设备		√	
7	5.2.6	发包人提供材料、工程设备不合格或迟延提供或变更交货地点	√	√	√
8	5.3.3	发包人更换其提供的不合格材料、工程设备	√	√	
9	8.3	承包人依据发包人提供的错误资料导致测量放线错误	√	√	√
10	9.2.6	因发包人原因造成承包人人员工伤事故		√	
11	11.3	因发包人原因造成工期延误	√	√	√
12	11.4	异常恶劣的气候条件导致工期延误	√		
13	11.6	承包人提前竣工		√	
14	12.2	发包人暂停施工造成工期延误	√	√	√
15	12.3.2	工程暂停后因发包人原因无法按时复工	√	√	√
16	13.1.3	因发包人原因导致承包人工程返工	√	√	√
17	13.5.3	监理人对已经覆盖的隐蔽工程要求重新检查且检查结果合格	√	√	√
18	13.6.2	因发包人提供的材料、工程设备造成工程不合格	√	√	√
19	13.1.3	承包人应监理人要求对材料、工程设备和工程重新检验且检验结果合格	√	√	√
20	16.2	基准日后法律的变化		√	
21	18.3.2	发包人在工程竣工前提前占用工程	√	√	√
22	18.6.2	因发包人的原因导致工程试运行失败		√	√
23	19.2.3	工程移交后因发包人原因出现新的缺陷或损坏的修复		√	√
24	19.4	工程移交后因发包人原因出现的缺陷修复后的试验和试运行		√	
25	21.3.1（4）	因不可抗力停工期间应监理人要求照管、清理、修复工程		√	
26	21.3.1（4）	因不可抗力造成工期延误	√		
27	22.2.2	因发包人违约导致承包人暂停施工	√	√	√

（二）索赔的依据和前提条件

1. 索赔的依据

提出索赔和处理索赔都要依据下列文件或凭证：

（1）工程施工合同文件。

（2）国家法律、法规。国家制定的相关法律、行政法规，是工程索赔的法律依据。

（3）国家、部门和地方有关的标准、规范和定额。

（4）工程施工合同履行过程中与索赔事件有关的各种凭证。

2. 索赔成立的条件

承包人工程索赔成立的基本条件包括：

（1）索赔事件已造成了承包人直接经济损失或工期延误。

（2）造成费用增加或工期延误的索赔事件是非因承包人的原因发生的。

（3）承包人已经按照工程施工合同规定的期限和程序提交了索赔意向通知、索赔报告及相关证明材料。

（三）费用索赔的组成

对于不同原因引起的索赔，承包人可索赔的具体费用内容是不完全一样的。但归纳起来，索赔费用的要素与工程造价的构成基本类似，一般可归结为人工费、材料费、施工机械使用费、分包费、施工管理费、利息、利润、保险费等。

（四）工期索赔的依据及处理

1. 工期索赔的具体依据

承包人向发包人提出工期索赔的具体依据主要包括：

（1）合同约定或双方认可的施工总进度规划。

（2）合同双方认可的详细进度计划。

（3）合同双方认可的对工期的修改文件。

（4）施工日志、气象资料。

（5）业主或工程师的变更指令。

（6）影响工期的干扰事件。

（7）受干扰后的实际工程进度等。

2. 共同延误的处理

在实际施工过程中，工期拖期很少是只由一方造成的，往往是两三种原因同时发生（或相互作用）而形成的，故称为“共同延误”。在这种情况下，要具体分析哪一种情况延误是有效的，应依据以下原则：

（1）首先判断造成拖期的哪一种原因是最先发生的，即确定" 初始延误" 者，它应对工程拖期负责。在初始延误发生作用期间，其他并发的延误者不承担拖期责任。

（2）如果初始延误者是发包人原因，则在发包人原因造成的延误期内，承包人既可得到工期延长，又可得到经济补偿。

（3）如果初始延误者是客观原因，则在客观因素发生影响的延误期内，承包人可以得到工期延长，但很难得到费用补偿。

（4）如果初始延误者是承包人原因，则在承包人原因造成的延误期内，承包人既不能得到工期补偿，也不能得到费用补偿。

3. 工期索赔中应当注意的问题

在工期索赔中特别应当注意以下问题：

（1）划清施工进度拖延的责任。

（2）被延误的工作应是处于施工进度计划关键线路上的施工内容。只有位于关键线路上工作内容的滞后，才会影响到竣工日期。

习题精选

一、单项选择题

1. 根据合同文本，工程变更价款通常由（　　）提出，报（　　）批准。

A. 工程师、业主　　　　B. 承包商、业主

C. 承包商、工程师　　D. 业主、承包商

2. 2015 年 3 月实际完成的某土方工程在 2000 年 5 月签约时的工作量 10 万元，该工程的固定系数为 0.2，各参加调值的因素 A、B、C，分别占比例 20%、45%、15%，价格指数除 A 增长了 10%外，都未发生变化，按调值公式完成的该土方工程应结算的工程款为(　　)万元。

A. 10.5　　B. 10.4　　C. 10.3　　D. 10.2

3. 某土方工程，采用单价合同承包，价格为 20 元/m^3，其中人工费每工日平均标准为 30 元，估计工程量 20000m^3，在开挖过程中，由于业主方原因造成施工方 10 人窝工 5d，由于施工方原因造成 15 人窝工 2d，施工方合理的人工费索赔(　　)元。

A. 600　　B. 1500　　C. 2400　　D. 2700

4. 钢门窗安装工程，5 月份拟完工程计划投资 10 万元，已完过程计划投资 8 万元，已完工程实际投资 12 万元，则进度偏差为(　　)。

A. −2　　B. 4　　C. 2　　D. −4

5. 工程师进行投资控制，纠偏主要对象为(　　)偏差。

A. 业主原因　　B. 物价上涨原因　　C. 施工原因　　D. 客观原因

6. 某分项工程发包方提供的估计工程量 1500m^3，合同中规定单价 16 元/m^3，实际工程量超过估计工程量 10%时，调整单价，单价调为 15 元/m^3，实际完成工程量 1800m^3，工程款为(　　)元。

A. 28650　　B. 27000　　C. 28800　　D. 28500

7. 施工中遇到恶劣气候的影响造成了工期和费用增加，则承包商(　　)。

A. 只能索赔工期　　B. 只能索赔费用　　C. 二者均可　　D. 不能索赔

8. 在纠偏措施中，合同措施主要是指(　　)。

A. 投资管理　　B. 施工管理　　C. 监督管理　　D. 索赔管理

9. 某市建筑工程公司承建一办公楼，工程合同价款 900 万元，2012 年 2 月签订合同，2012 年 12 月竣工，2012 年 2 月的造价指数 100.04，2012 年 12 月造价指数 100.36，则工程价差调整额为(　　)。

A. 4.66 万元　　B. 2.65 万元　　C. 3.02 万元　　D. 2.88 万元

10. 如甲方不按合同约定支付工程进度款，双方又未达成延期付款协议，致使施工无法进行，则(　　)。

A. 乙方仍应设法继续施工

B. 乙方如停止施工则应承担违约责任

C. 乙方可停止施工，甲方承担违约责任

D. 乙方可停止施工，由双方共同承担责任

二、多项选择题

1. 由于业主原因设计变更，导致工程停工一个月，则承包商可索赔的费用有(　　)。

A. 利润　　B. 人工窝工

C. 机械设备闲置费　　D. 增加的现场管理费

E. 税金

2. 承包方根据协议规定提出的付款申请表主要包括(　　)。

A. 已完工程量　　B. 工程变更费

C. 返工损失费　　D. 恶劣气候造成的窝工损失费

E. 索赔

3. 由于承包商原因造成工期延误，业主反索赔，在确定违约金费率时，一般应考虑(　　)因素。

A. 业主盈利损失　　B. 由于延长造成的贷款利息增加

C. 由于工期延长带来的附加监理费　　D. 由于工期延长导致的设备涨价

E. 由于工期延长导致的人工费上涨

4. 工程师对承包方提出的变更价款进行审核和处理时，下列说法正确的有(　　)。

A. 承包方在工程变更确定后规定时限内，向工程师提出变更价款报告，经工程师确认后调整合同价款

B. 承包方在规定时限内不向工程师提出变更价款报告，则视为该项变更不涉及价款变更

C. 工程师在收到变更工程价款报告，在后规定时限内无正当理由不予确认，一旦超过时限，该价款报告失效

D. 工程师不同意承包方提出的变更价款，可以和解或要求工程造价管理部门调解等

E. 工程师确认增加的工程变更价款作为追加合同款，与工程款同期支付

5. 索赔费用计算方法有(　　)。

A. 总费用法　　B. 预算单价法

C. 修正总费用法　　D. 扩大单价法

E. 分项法

6. 工程保修金扣法正确的有(　　)。

A. 累计拨款额达到建安工程造价的一定比例停止支付，预留部分作为保修金

B. 在第一次结算工程款中一次扣留

C. 在施工前预交保修金

D. 在竣工结算时一次扣留

E. 从发包方向承包方第一次支付工程款开始，在每次承包方应得的工程款中扣留

7. 进度偏差可以表示为(　　)。

A. 已完工程计划投资－已完工程实际投资

B. 拟完工程计划投资－已完工程实际投资

C. 拟完工程计划投资－已完工程计划投资

D. 已完工程计划投资－已完工程实际投资

E. 已完工程实际进度－已完工程计划进度

8. 根据 FIDIC 合同条件，承包商可以索赔的费用有(　　)。

A. 异常恶劣气候导致的机械窝工费

B. 非承包商责任导致承包商工效降低，增加的机械使用费

C. 由于完成额外工作增加的机械使用费

D. 由于监理工程师原因导致的机械窝工费

E. 施工组织设计不合理导致的机械窝工费

9. 当利用S形曲线法比较工程进度时，通过比较计划S形曲线和实际S形曲线，可以获得的信息有(　　)。

A. 工程项目实际进度比计划进度超过或拖后的时间

B. 工程项目中各项工作实际完成的任务量

C. 工程项目实际进度比计划进度超前或拖后的时间

D. 工程项目中各项工作实际进度比计划进度超前或拖后的时间

E. 预测后期工程进度

10. 按照FIDIC合同条件，保留金应分别在(　　)后返还。

A. 提交履约保函　　B. 颁发移交证书

C. 竣工结算　　D. 工程竣工1年后

E. 缺陷责任期满

二、实务题

1. 某工程项目发承包双方签订了施工合同，工期为4个月。有关工程价款及其支付条款约定如下：

(1) 工程价款：

1) 分部工程项目费用合计59.2万元，包括分项工程A、B、C三项，清单工程量分别为600m^3、800m^3、900m^2，综合单价分别为300元/m^3、380元/m^3、120元/m^2。

2) 单价措施项目费用6万元，不予调整。

3) 总价措施项目费用8万元，其中，安全文明施工费按分项工程和单价措施项目费用之和的5%计取（随计取基数的变化在第4个月调整），除安全文明施工费之外的其他总价措施项目费用不予调整。

4) 暂列金额5万元。

5) 管理费和利润按人材机费用之和的18%计取，规费按人材机费和管理费、利润之和的5%计取，增值税率为11%。

6) 上述费用均不包含增值税可抵扣进项税额。

(2) 工程款支付：

1) 开工前，发包人按分项工程和单价措施项目工程款的20%支付给承包人作为预付款（在第2～4个月的工程款中平均扣回），同时将安全文明施工费工程款全额支付给承包人。

2) 分项工程价款按完成工程价款的85%逐月支付。

3) 单价措施项目和除安全文明施工费之外的总价措施项目工程款在工期第1～4个月均衡考虑，按85%比例逐月支付。

4) 其他项目工程款的85%在发生当月支付。

5) 第4个月调整安全文明施工费工程款，增（减）额当月全额支付（扣除）。

6) 竣工验收通过后30d内进行工程结算，扣留工程总造价的3%作为质量保证金，其余工程款作为竣工结算最终付款一次性结清。

施工期间分项工程计划和实际进度表如表 3.6.2 所示。

表 3.6.2　分项工程计划和实际进度表

分项工程及其工程量		第 1 月	第 2 月	第 3 月	第 4 月	合计
A	计划工程量（m^3）	300	300			600
	实际工程量（m^3）	200	200	200		600
B	计划工程量（m^3）	200	300	300		800
	实际工程量（m^3）		300	300	300	900
C	计划工程量（m^2）		300	300	300	900
	实际工程量（m^2）		200	400	300	900

在施工期间第 3 个月，发生一项新增分项工程 D。经发承包双方核实确认，其工程量为 $300m^2$，每平方米所需不含税人工和机械费用为 110 元，每平方米机械费可抵扣进项税额为 10 元；每平方米所需甲、乙、丙三种材料不含税费用分别为 80 元、50 元、30 元，可抵扣进项税率分别为 3%、11%、17%。

问题：(1) 该工程签约合同价款为多少万元？开工前发包人应支付给承包人的预付款和安全文明施工费工程款分别为多少万元？

(2) 第 2 个月，承包人完成合同价款为多少万元？发包人应支付合同价款为多少万元？截止到第 2 个月末，分项工程 B 的进度偏差为多少万元？

(3) 新增分项工程 D 的综合单价为多少元/m^2？该分项工程费为多少万元？销项税额、可抵扣进项税额、应缴纳增值税额分别为多少万元？

(4) 该工程竣工结算合同价款增减额为多少万元？如果发包人在施工期间均已按合同约定支付给承包商各项工程款，假定累积已支付合同价款 87.099 万元，则竣工结算最终付款为多少万元？

(计算过程和结果保留三位小数)

2. 某建筑工程项目，业主和施工单位按工程量清单计价方式和《建设工程施工合同（示范文本）》(GF-2013-0201) 签订了施工合同，合同工期为 15 个月。合同约定：管理费按人材机费用之和的 10%计取，利润按人材机费用和管理费之和的 6%计取，规费按人材机费用、管理费和利润之和的 4%计取，增值税率为 11%；施工机械台班单价为 1500 元/台班，施工机械闲置补偿按施工机械台班单价的 60%计取，人员窝工补偿为 50 元/工日，人工窝工补偿、施工待用材料损失补偿、机械闲置补偿不计取管理费和利润；措施费按分部分项工程费的 25%计取。(各费用项目价格均不包含增值税可抵扣进项税额)

施工前，施工单位向项目监理机构提交并经确认的施工网络进度计划，如图 3.6.1 所示（每月按 30d 计）。

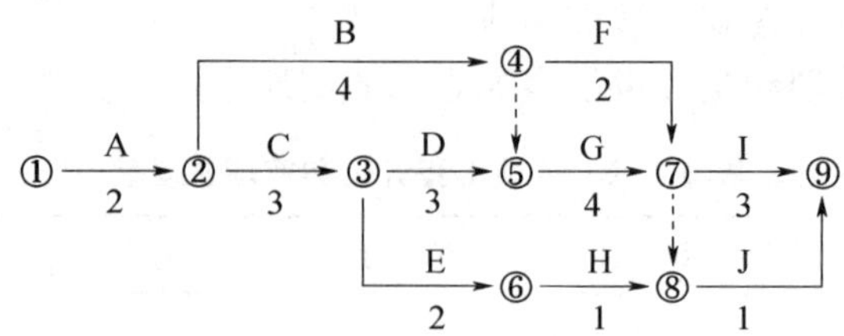

图 3.6.1　施工网络进度计划（单位：月）

该工程施工过程中发生如下事件：

事件 1：基坑开挖工作（A 工作）施工过程中，遇到了持续 10d 的季节性大雨，在第 11d，大雨引发了附近的山体滑坡和泥石流。受此影响，施工现场的施工机械、施工材料、已开挖的基坑及围护支撑结构、施工办公设施等受损，部分施工人员受伤。

经施工单位和项目监理机构共同核实，该事件中，季节性大雨造成施工单位人员窝工 180 工日，机械闲置 60 个台班，山体滑坡和泥石流事件使 A 工作停工 30d，造成施工机械损失 8 万元，施工待用材料损失 24 万元，基坑及围护支撑结构损失 30 万元，施工办公设施损失 3 万元，施工人员受伤损失 2 万元。修复工作发生人材机费用共 21 万元。灾后，施工单位及时向项目监理机构提出费用索赔和工期延期 40d 的要求。

事件 2：基坑开挖工作（A 工作）完成后验槽时，发现基坑底部部分土质与地质勘查报告不符。地勘复查后，设计单位修改了基础工程设计，由此造成施工单位人员窝工 150 工日，机械闲置 20 个台班，修改后的基础分部工程增加人材机费用 25 万元，监理工程师批准 A 工作增加工期 30d。

事件 3：E 工作施工前，业主变更设计增加了一项 K 工作，K 工作持续时间为 2 个月。根据施工工艺关系，K 工作为 E 工作的紧后工作，为 I、J 工作的紧前工作。因 K 工作与原工程工作的内容和性质均不同，在已标价的工程量清单中没有适用也没有类似的项目，监理工程师编制了 K 工作的结算综合单价，经业主确认后，提交给施工单位作为结算的依据。

事件 4：考虑到上述 1～3 项事件对工期的影响，业主与施工单位约定，工程项目仍按原合同工期 15 个月完成，实际工期比原合同工期每提前 1 个月，奖励施工单位 30 万元。施工单位对进度计划进行了调整，将 D、G、I 工作的顺序施工组织方式改变为流水作业组织方式以缩短施工工期。组织流水作业的流水节拍如表 3.6.3 所示。

表 3.6.3　流水节拍　　（月）

施工过程	流水段		
	①	②	③
D	1	1	1
G	1	2	1
I	1	1	1

问题：(1) 针对事件 1，确定施工单位和业主在山体滑坡和泥石流事件中各自应承担损失的内容；列式计算施工单位可以获得的费用补偿数额；确定项目监理机构应批准的工期延期天数，并说明理由。

(2) 事件 2 中，应给施工单位的窝工补偿费用为多少万元？修改后的基础分部工程增加的工程造价为多少万元?

(3) 针对事件 3，绘制批准 A 工作工期索赔和增加 K 工作后的施工网络进度计划；指出监理工程师做法的不妥之处，说明理由并写出正确做法。

(4) 事件 4 中，在施工网络进度计划中，D、G、I 工作的流水工期为多少个月？施工单位可获得的工期提前奖励金额为多少万元？(计算结果保留两位小数)

3. 某工程招标控制价 8200000 元，中标价 7900000 元，施工中新增一清单项目，原清单无此项目。造价信息管理机构公布此项目定额人工费 5.55 元/m^2，主材单价 22 元/m^2，其他材料费 0.88 元/m^2，管理费、利润及考虑一定程度风险因素合计为 1.22 元/m^2。承包人报价浮动率及该项目综合单价应为多少?

参考答案

一、单项选择题

1. C　2. D　3. B　4. C　5. A　6. A　7. A　8. D　9. D　10. C

二、多项选择题

1. BCD　2. ACDE　3. ABC　4. ABDE　5. ACE
6. AE　7. CE　8. BCD　9. ACE　10. BE

三、实务题

1. 问题 1：

该工程签约合同价＝(59.2＋6＋8＋5)×(1＋5％)×(1＋11％)＝91.142(万元)

开工前发包人应支付给承包人的预付款＝(59.2＋6)×(1＋5％)×(1＋11％)×20％＝15.19(万元)

安全文明施工费工程款＝(59.2＋6)×5％×(1＋5％)×(1＋11％)＝3.800(万元)

问题 2：

第 2 个月，承包人完成合同价款＝{(200×300＋300×380＋200×120)÷10000＋[6＋8(59.2＋6)×5％]÷4}×(1＋5％)×(1＋11％)＝26.206(万元)

发包人应支付合同价款＝26.206×85％－15.198÷3＝17.209(万元)

截止到第 2 个月末，分项工程 B 的进度偏差＝已完成工程计划费用－拟完工程计划费用＝(300×380－500×380)÷10000＝－7.600(万元)

进度拖后 7.600 万元。

或：已完工程计划投资＝300×380÷10000×1.1655＝13.287(万元)

拟完工程计划投资＝(200＋300)×380÷10000×1.1655＝22.145(万元)

进度偏差＝已完工程计划投资－拟完工程计划投资＝13.287－22.145＝－8.858(万元)

进度拖后 8.858 万元。

问题 3：

新增分项工程 D 的综合单价＝(110＋80＋50＋30)×(1＋18％)＝318.600(元/m^2)

该分项工程费＝300×318.6÷10000＝9.558(万元)

分项工程 D 不含税造价＝9.558×(1＋5％)＝10.036(万元)

分项工程 D 含税造价＝9.558×(1＋5%)×(1＋11%)＝11.140(万元)

销项税额＝不含税造价×11%＝10.036×11%＝1.104(万元)

可抵扣的进项税额：

① 甲材料：300×80÷10000×3%＝0.072(万元)

② 乙材料：300×50÷1000×11%＝0.165(万元)

③ 丙材料：300×30÷10000×17%＝0.153(万元)

④机械费：300×10÷10000＝0.300(万元)

可抵扣的进项税额合计＝0.072＋0.165＋0.153＋0.300＝0.690(万元)

应缴纳增值税额＝销项税－可抵扣的进项税＝1.104－0.690＝0.414(万元)

问题 4：

① B 分部分项价款增减＝(900－800)×380÷10000×(1＋5%)×(1＋11%)＝4.429(万元)

B 分项工程安全文明施工费调整＝4.429×5%＝0.221(万元)

新增分项工程 D 分项工程安全文明施工费调整＝11.140×5%＝0.557(万元)

该工程竣工结算合同价增减额＝4.429＋0.221＋11.140＋0.557－5×(1＋5%)×(1＋11%)＝10.520(万元)

② 竣工结算最终付款＝(91.142＋10.520)×(1－3%)－87.099＝11.513(万元)

2. 问题 1：

① 承包商应承担损失包括：持续 10d 的季节性大雨造成的工期延误（如果有），季节性大雨造成施工单位人员窝工 180 工日，机械闲置 60 个台班；山体滑坡和泥石流事件中造成 A 工作施工机械损失 8 万元，基坑及围护支撑结构损失 30 万元，施工办公设施损失 3 万元，施工人员受伤损失 2 万。

发包商应承担损失包括：山体滑坡和泥石流事件使 A 工作停工 30d，施工待用材料损失 24 万元，修复工作发生人材机费用 21 万元。

② 施工单位可以获得的费用补偿数额＝[24＋21×(1＋10%)×(1＋6%)]×(1＋4%)×(1＋11%)＝55.97(万元)

③ 项目监理机构应批准的工期延期天数为 30d。

理由：遇到了持续 10d 的季节性大雨属于一个有经验的承包商可以合理预见的，导致的工期延误不可索赔。山体滑坡和泥石流属于不可抗力，发生不可抗力事件导致工期延误的，此工期延误的风险应由发包人承担，工期应相应顺延。因 A 工作为关键工作，其因不可抗力停工 30d 必然会影响总工期 30d，因此项目监理机构应批准的工期延期 30d。

问题 2：

事件 2 中，应给施工单位的窝工补偿费用＝(150×50＋20×1500×60%)×(1＋4%)×(1＋11%)＝29437.20(万元)

修改后的基础分部工程增加的工程造价＝25×(1＋10%)×(1＋6%)×(1＋25%)×(1＋4%)×(1＋11%)＝42.06(万元)

问题 3：

批准 A 工作工期索赔和增加 K 工作后的施工网络进度计划如图 3.6.2 所示。

监理工程师编制了 K 工作的结算综合单价不妥当。已标价工程量清单中没有适用也没有类似于变更工程项目的，由承包人根据变更工程资料、计量规则和计价力法、工程造价管理机构发布的信息（参考）价格和承包人报价浮动率，提出变更工程项目的单价或总价，报监理工程师审核，审核通过后上报发包人确认调整。涉及措施费变化的也应相应调整。

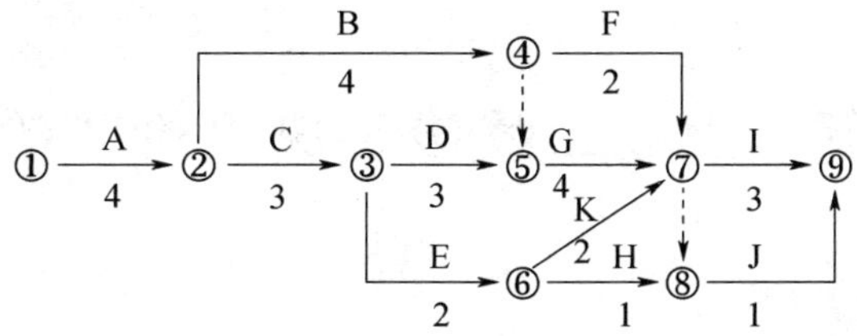

图 3.6.2　施工网络进度计划（单位：月）

问题 4：

采用累加数列错位相减取大差法：

$$\begin{array}{r} 123 \\ -134 \\ \hline =110-4 \end{array}$$

施工过程 D、G 流水步距为：1

$$\begin{array}{r} 134 \\ -123 \\ \hline =122-3 \end{array}$$

施工过程 G、I 流水步距为：2

D、G、I 工作的流水工期为 1＋2＋1＋1＋1＝6 个月

（D、G、I 改成流水作业组织方式后，进度计划的关键工作发生改变，为 A—C—E—K—I）

实际工期为：2 个月＋1 个月＋10d＋1 个月＋3 个月＋7 个月(E、K、I)＝14 个月＋10d

奖励工期为：15 个月－(14 个月＋10d)＝20d

施工单位可获得的工期提前奖励金额为 20.00 万元。

3. 报价浮动率＝(1－7900000/8200000)×100%＝(1－0.9634)×100%＝3.66%

综合单价＝(5.55＋22＋0.88＋1.22)×(1－3.66%)＝28.56(元/ m^2)

分析：已标价工程量清单中没有适用也没有类似于变更工程项目，且工程造价管理机构发布的信息（参考）价格缺价的，由承包人根据变更工程资料、计量规则、计价办法和通过市场调查等取得有合法依据的市场价格提出变更工程项目的单价或总价，报发包人确认后调整。

措施项目费的调整如下：

① 安全文明施工费，按照实际发生变化的措施项目调整，不得浮动。

② 采用单价计算的措施项目费，按照实际发生变化的措施项目按签署分部分项工程费的调整方法确定单价。

③ 按总价（或系数）计算的措施项目费，除安全文明施工费外，按照实际发生变化的措施项目调整，但应考虑承包人报价浮动因素，即调整金额按照实际调整金额乘以承包人报价浮动率计算。

删减工程或工作的补偿：如果发包人提出的工程变更，非因承包人原因删减了合同中的某项原定工作或工程，致使承包人发生的费用或（和）得到的收益不能被包括在其他已支付或应支付的项目中，也未被包含在任何替代的工作或工程中，则承包人有权提出并得到合理的费用及利润补偿。

第七节　土建工程竣工决算价款的编制

考纲要求

1. 熟悉竣工决算的编制。
2. 熟悉新增资产价值的确定。
3. 熟悉保修费用的处理。

考点汇总

一、竣工决算的编制

（一）竣工决算的编制依据

（1）经批准的可行性研究报告、投资估算书，初步设计或扩大初步设计，修正总概算及其批复文件。

（2）经批准的施工图设计及其施工图预算书。

（3）设计交底或图纸会审会议纪要。

（4）设计变更记录、施工记录或施工签证单及其他施工发生的费用记录。

（5）招标控制价、承包合同、工程结算等有关资料。

（6）竣工图及各种竣工验收资料。

（7）历年基建计划、历年财务决算及批复文件。

（8）设备、材料调价文件和调价记录。

（9）有关财务核算制度、办法和其他有关资料。

（二）竣工决算的编制步骤

（1）收集、整理和分析有关依据资料。

（2）清理各项债权、债务和结余物资。

（3）核实工程变动情况。

（4）编制建设工程竣工决算说明。

（5）填写竣工决算报表。

（6）做好工程造价对比分析。

（7）清理、装订好竣工图。

（8）上报主管部门审查存档。

二、新增资产价值的确定

（一）新增资产价值的分类

建设项目竣工投入运营后，所花费的总投资形成相应的资产。按照新的财务制度和企业会计准则，新增资产按资产性质可分为固定资产、流动资产、无形资产和其他资产等四大类。

（二）新增资产价值的确定方法

1. 新增固定资产价值的确定

【例 3.7.1】 某工业建设项目及其总装车间的建筑工程费、安装工程费，需安装设备费以及应摊入费用如表 3.7.1 所示，计算总装车间新增固定资产价值。

表 3.7.1 分摊费用计算表 （万元）

项目名称	建筑工程	安装工程	需安装设备	建设单位管理费	土地征用费	建筑设计费	工艺设计费
建设单位竣工决算	3000	600	900	70	80	40	20
总装车间竣工决算	600	300	450				

解： 应分摊的建设单位管理费$=\dfrac{600+300+450}{3000+600+900}\times 70=21$（万元）

应分摊的土地征用费$=\dfrac{600}{3000}\times 80=16$（万元）

应分摊的建筑设计费$=\dfrac{600}{3000}\times 40=8$（万元）

应分摊的工艺设计费$=\dfrac{300}{600}\times 20=10$（万元）

总装车间新增固定资产价值$=(600+300+450)+(21+16+8+10)$

$=1350+55=1405$（万元）

2. 新增流动资产价值的确定

流动资产是指可以在一年内或者超过一年的一个营业周期内变现或者运用的资产，包括现金及各种存款以及其他货币资金、短期投资、存货、应收及预付款项以及其他流动资产等。

三、保修费用的处理

（一）工程质量保证（保修）金的含义

建设工程质量保证（保修）金是指合同约定的从承包人的工程款中预留，用以保证在缺陷责任期内履行缺陷修复义务的资金。缺陷是指建设工程质量不符合工程建设强制标准、设计文件，以及承包合同的约定。缺陷责任期是承包人对已交付使用的合同工程承担合同约定的缺陷修复责任的期限。一般为六个月、十二个月或二十四个月，具体可由发、承包双方在合同中约定。

（二）工程质量保修范围和内容

发、承包双方在工程质量保修书中约定的建设工程的保修范围包括：地基基础工程、主体结构工程，屋面防水工程、有防水要求的卫生间、房间和外墙面的防渗漏，供热与供冷系统，电气管线、给排水管道、设备安装和装修工程，以及双方约定的其他项目。

具体保修的内容，双方在工程质量保修书中约定。

由于用户使用不当或自行修饰装修、改动结构、擅自添置设施或设备而造成建筑功能不良或损坏者，以及对因自然灾害等不可抗力造成的质量损害，不属于保修范围。

（三）工程质量保证（保修）金的预留、使用及管理

1. 保证（保修）金的预留

全部或者部分使用政府投资的建设项目，按工程价款结算总额5%左右的比例预留保证金。社会投资项目采用预留保证金方式的，预留保证金的比例可以参照执行。

2. 保证（保修）金的使用及返还

由于承包人原因造成某项缺陷或损坏使某项工程或工程设备不能按原定目标使用而需要再次检查、检验和修复的，发包人有权要求承包人相应延长缺陷责任期，但缺陷责任期最长不超过2年。此延长的期限终止后14d内，由监理人向承包人出具经发包人签认的缺陷责任期终止证书，并退还剩余的质量保证金。

缺陷责任期内，承包人认真履行合同约定的责任，到期后，承包人向发包人申请返还保证金。发包人在接到承包人返还保证金申请后，应于14日内会同承包人按照会同约定的内容进行核实。如无异议，发包人应当在核实后14日内将保证金返还承包人，逾期支付的，从逾期之日起，按照同期银行贷款利率计付利息，并承担违约责任。发包人在接到承包人返还保证金申请后14日内不予答复，经催告后14日内仍不予答复，视同认可承包商的返还保证金申请。如果承包人没有认真履行合同约定的保修责任，则发包人可以按照合同约定扣除保证金，并要求承包人赔偿相应的损失。

习题精选

一、单项选择题

1. 下列建设项目，还不具备竣工验收条件的是(　　)。

A. 工业项目经负荷试车，试生产期间能正常生产出合格产品形成生产能力的

B. 非工业项目符合设计要求，能够正常使用的

C. 工业项目虽可使用，但少数设备短期不能安装，工程内容未全部完成的

D. 工业项目已完成某些单项工程，但不能提前投料试车的

2. 可以进行竣工验收的工程最小单位是(　　)。

A. 分部分项工程　　B. 单位工程　　C. 单项工程　　D. 工程项目

3. 竣工决算的计量单位是(　　)。

A. 实物数量和货币指标

B. 建设费用和建设成果

C. 固定资产价值、流动资产价值、无形资产价值、递延和其他资产价值

D. 建设工期和各种技术经济指标

4. 某住宅在保修期限及保修范围内，由于洪水造成了该住宅的质量问题，其保修费用应由(　　)承担。

A. 施工单位　　B. 设计单位　　C. 使用单位　　D. 建设单位

5. 在建设工程竣工验收步骤中，施工单位自验后应由(　　)。

A. 建设单位组织设计、监理、施工等单位对工程等级进行评审

B. 质量监督机构进行核审

C. 施工单位组织设计、监理等单位对工程等级进行评审

D. 若经质量监督机构审定不合格，责任单位需返修

6. 一般基层单位竣工预验的三个层次不包括(　　)。

A. 基层施工单位自验　　B. 项目经理自验

C. 监理工程师预验　　D. 公司级预验

7. 单项工程验收的组织方是(　　)。

A. 业主　　B. 施工单位　　C. 监理工程师　　D. 质检部门

8. 关于竣工结算的说法，正确的是(　　)。

A. 建设项目竣工决算应包括从筹划到竣工投产全过程的直接工程费用

B. 建设项目竣工决算应包括从动工到竣工投产全过程的全部费用

C. 新增固定资产价值的计算应以单项工程为对象

D. 已具备竣工验收条件的项目，如两个月内不办理竣工验收和固定资产移交手续则视同项目已正式投产

9. 保修费用一般按照建筑安装工程造价和承包工程合同价的一定比例提取，该提取比例是(　　)。

A. 10%　　B. 5%　　C. 15%　　D. 20%

10. 土地征用费和勘察设计费等费用应按(　　)比例分摊。

A. 建筑工程造价　　B. 安装工程造价

C. 需安装设备价值　　D. 建设单位其他新增固定资产价值

11. 按照表 3.7.2 所给数据计算总装车间应分摊的建设单位管理费为(　　)万元。

表 3.7.2　分摊费用计算表　　(万元)

项目名称	建筑工程造价	安装工程造价	需安装设备费用	建设单位管理费	土地征用费
建设单位决算	2000	800	700	60	80
总装车间决算	500	180	300		

A. 15　　B. 16.8　　C. 14.57　　D. 19.2

12. 按照表 3.7.2 所给数据计算总装车间应分摊的土地征用费为(　　)万元。

A. 25.6　　B. 22.4　　C. 19.42　　D. 20

13. 关于保修责任的承担问题的说法，不正确的是(　　)。

A. 由于设计方面原因造成质量缺陷，由设计单位承担经济责任

B. 由于建筑材料等原因造成缺陷的，由承包商承担责任

C. 因使用不当造成损害的，使用单位负责

D. 因不可抗力造成损失的，建设单位负责

二、多项选择题

1. 建设项目竣工验收的主要依据包括(　　)。

A. 可行性研究报告　　B. 设计文件

C. 招标文件　　D. 合同文件

E. 技术设备说明书

2. 在编制竣工决算时，下列各项费用中应列入新增递延资产价值的有(　　)。
A. 开办费　　B. 项目可行性研究费
C. 土地征用及迁移补偿费　　D. 土地使用权出让金
E. 以经营租赁方式租入的固定资产改良工程支出
3. 建设项目竣工验收的内容依据建设项目的不同可分为(　　)。
A. 建设工程项目验收　　B. 工程资料验收
C. 工程财务资料验收　　D. 工程内容验收
E. 工程综合资料验收
4. 安装工程验收内容分为(　　)。
A. 照明安装工程验收　　B. 建筑设备安装工程验收
C. 工艺设备安装工程验收　　D. 动力设备安装工程验收
E. 供暖工程安装验收
5. 竣工验收签证书需要各方签字盖章，签章单位包括(　　)。
A. 监理单位　　B. 业主
C. 施工单位　　D. 设计单位
E. 质检部门
6. 全部工程完成后，由业主参与动用验收，验收分为(　　)阶段。
A. 施工单位自验　　B. 验收准备
C. 预验收　　D. 正式验收
E. 阶段验收
7. 关于竣工决算的说法，正确的有(　　)。
A. 竣工决算是竣工验收报告的重要组成部分
B. 竣工决算是核定新增固定资产价值的依据
C. 竣工决算是反映建设项目实际造价和投资效果的文件
D. 竣工决算在竣工验收之前进行
E. 竣工决算是考核分析投资效果的依据
8. 竣工决算的内容包括(　　)。
A. 竣工决算报表　　B. 竣工决算报告情况说明书
C. 竣工工程概况表　　D. 竣工财务决算表
E. 交付使用的财产总表
9. 因变更需要重新绘制竣工图，关于重新绘制竣工图的说法，正确的有(　　)。
A. 由原设计原因造成的，由设计单位负责重新绘制
B. 由施工原因造成的，由施工单位负责重新绘制
C. 由其他原因造成的，由设计单位负责重新绘制
D. 由其他原因造成的，由建设单位或建设单位委托设计单位负责重新绘制
E. 由其他原因造成的，由施工单位负责重新绘制
10. 工程造价比较分析的内容有(　　)。
A. 主要实物工程量
B. 主要材料消耗量

C. 考核间接费的取费标准
D. 建筑和安装工程其他直接费取费标准
E. 考核建设单位现场经费取费标准

三、实务题

1. 某建设项目及其主要生产车间的有关费用表如表 3.7.3 所示，计算该车间新增固定资产价值。

表 3.7.3 某建设项目及其主要生产车间的有关费用表 （万元）

费用类别	建筑工程费	设备安装费	需安装设备价值	土地征用费
建设项目竣工决算	1000	450	600	50
生产车间竣工决算	250	100	280	

2. 已知某项目竣工财务决算表如表 3.7.4 所示，试计算其基建结余资金。

表 3.7.4 某大、中型建设项目竣工财务决算表 （万元）

资金来源	金额	资金占用	金额
基建拨款	2300	应收生产单位投资借款	1200
项目资本	500	基本建设支出	900
项目资本公积金	10		
基建借款	700		
企业债券资金	300		
待冲基建支出	200		

3. 某宾馆工程竣工交付营业后，经审计实际总投资为 60000 万元。其中部分费用如下：
(1) 建筑安装工程费 27000 万元。
(2) 家具用具购置费（均为使用期限 1 年以内，单位价值 2000 元以下）650 万元。
(3) 土地使用权出让金 3000 万元。
(4) 建设单位管理费 2500 万元。
(5) 投资方向调节税 5000 万元。
(6) 流动资金 5000 万元。
交付营业后预计年营业部收入为 28200 万元。预计年总成本为 17000 万元。年销售税金及附加为 1800 万元。
问题：(1) 请按资产性质分别计算其中的固定资产、无形资产、递延资产、流动资产。
(2) 试计算年投资利润率。

参考答案

一、单项选择题

1. D　2. B　3. A　4. D　5. A　6. C　7. A　8. C　9. B　10. A
11. B　12. D　13. B

二、多项选择题

1. ABDE　2. AE　3. BD　4. BCD　5. BCD
6. BCD　7. ABCE　8. BD　9. ABD　10. ABC

三、实务题

1. 生产车间应分摊的土地征用费$=\frac{250}{1000}\times50=12.5$(万元)

新增固定资产价值$=250+100+280+12.5=642.5$(万元)

2. 基建结余资金$=2300+500+10+700+300+200-1200-900=1910$(万元)

3. 问题 1：

固定资产价值：$27000+5000=32000$(万元)。

无形资产价值：3000 万元。

递延资产价值：2500 万元。

流动资产价值：5650 万元。

问题 2：

年投资利润率：$\frac{28200-17000-1800}{60000}\times100\%=15.67\%$

模拟试题一

一、单项选择题（共20题，每题1分，共20分。每题的备选答案中只有一个最符合题意）

1. 适用于大型机器设备或重型起重运输设备制造的厂房是(　　)。

A. 单层厂房　　B. 二层厂房

C. 三层厂房　　D. 多层厂房

2. 对混凝土抗渗性起决定作用的是(　　)。

A. 混凝土内部孔隙特性　　B. 水泥强度和质量

C. 混凝土水灰比　　D. 养护的温度和湿度

3. 单扇门的宽度一般不超过(　　)。

A. 900mm　　B. 1000mm　　C. 1100mm　　D. 1200mm

4. 非承重墙应优先采用(　　)。

A. 烧结空心砖　　B. 烧结多孔砖　　C. 粉煤灰砖　　D. 煤矸石砖

5. 评价钢材可靠性的一个参数是(　　)。

A. 强屈比　　B. 屈服比　　C. 弹性比　　D. 抗拉比

6. 关于普通混凝土用砂的说法，正确的是(　　)。

A. 粒径人于5mm的骨料称为细骨料

B. 在相同质量条件下，细砂的总表面积较大，而粗砂的较小

C. 细度模数愈小，表示砂愈粗

D. 配制混凝土时，宜优先选用Ⅰ区砂

7. 早强剂多用于(　　)。

A. 大跨度混凝土施工　　B. 冬期混凝土施工

C. 高温期混凝土施工　　D. 泵送混凝土施工

8. 实心桩宜采用间隔重叠的方法预制。上层桩的浇灌，待下层桩的混凝土达到设计强度的(　　)%以后进行。

A. 30　　B. 50　　C. 70　　D. 100

9. 推土机并列推土时，并列台数不宜超过(　　)台，否则互相影响。

A. 3　　B. 4　　C. 5　　D. 6

10. 施工缝继续浇灌混凝土时，原混凝土强度应达到（　　）。

A. 2MPa　　B. 1.5MPa　　C. 1.2MPa　　D. 2.5MPa

11. 对于地基软弱土层厚、荷载大和建筑面积不太大的一些重要高层建筑物，最常采用的基础构造形式为(　　)。

A. 独立基础　　B. 柱下十字交叉基础

C. 片筏基础　　D. 箱形基础

12. 在保证工期的前提下，实行分期分批建设(　　)。

A. 会增加暂设工程数量　　B. 难以在全局上实现施工的连续性

C. 使各具体项目迅速建成　　D. 造价难以控制

13. 关于施工组织总设计的说法，不正确的是(　　)。

A. 不涉及工程项目的施工方案　　B. 充分发挥主导施工机械的工作效率

C. 使主导机械能够实现综合流水作业　　D. 兼顾技术的先进性和经济的合理性

14. 打桩机正确的打桩顺序为(　　)。

A. 先外后内　　B. 先大后小　　C. 先短后长　　D. 先浅后深

15. 根据《房屋建筑与装饰工程工程量计算规范》(GB 50854—2013) 的规定，关于现浇混凝土基础的项目列项或工程量计算的说法，正确的是(　　)。

A. 箱式满堂基础中的墙按现浇混凝土墙列项

B. 箱式满堂基础中的梁按满堂基础列项

C. 框架设备基础的基础部分按现浇混凝土墙列项

D. 框架设备基础的柱和梁按按设备基础列项

16. 根据《房屋建筑与装饰工程工程量计算规范》(GB 50854—2013) 的规定，关于地基处理工程量计算的说法，正确的是(　　)。

A. 振冲桩（填料）按设计图示处理范围以面积计算

B. 砂石桩按设计图示尺寸以桩长（不包括桩尖）计算

C. 水泥粉煤灰碎石桩按设计图示尺寸以体积计算

D. 深层搅拌桩按设计图示尺寸以桩长计算

17. 根据《房屋建筑与装饰工程工程量计算规范》(GB 50854—2013) 的规定，关于现浇混凝土柱的工程量计算的说法，正确的是(　　)。

A. 有梁板的柱按设计图示截面积乘以柱基以上表面或楼板上表面至上一层楼板底面之间的高度以体积计算

B. 无梁板的柱按设计图示截面积乘以柱基以上表面或楼板上表面至柱帽下表面之间的高度以体积计算

C. 框架柱按柱基上表面至柱顶高度以米计算

D. 构造柱按设计柱高以米计算

18. 根据《建筑工程建筑面积计算规范》(GB/T 50353—2013) 的规定，关于地下室、半地下室建筑面积计算的说法，正确的是(　　)。

A. 层高不足 1.80m 的部位不计算面积

B. 层高为 2.10m 的部位计算 1/2 面积

C. 层高为 2.10m 的部位应计算全面积

D. 层高为 2.10m 以上的部位应计算全面积

19. 根据《房屋建筑与装饰工程工程量计算规范》(GB 50854—2013) 的规定，关于石砌体工程量计算的说法，正确的是(　　)。

A. 挡土墙按设计图示中心线长度计算

B. 勒脚工程量按设计图示尺寸以延长米计算

C. 石围墙内外地坪标高之差为挡土墙墙高时，墙身与基础以较低地坪标高为界

D. 石护坡工程量按设计图示尺寸以体积计算

20. 根据《房屋建筑与装饰工程工程量计算规范》（GB 50854—2013）的规定，关于现浇混凝土板的工程量计算的说法，正确的是(　　)。

A. 栏板按设计图示尺寸以面积计算

B. 雨篷按设计外墙中心线外图示体积计算

C. 阳台板按设计外墙中心线外图示面积计算

D. 散水按设计图示尺寸以面积计算

二、多项选择题（共10题，每题2分，共20分。每题的备选答案中至少有2个或2个以上是正确的，至少有1个是错误的，选错1个选项本题不得分，每选对1个选项得0.5分）

1. 关于填土压实的说法，正确的有(　　)。

A. 振动压实法主要用于压实非黏性土　　B. 松土宜用重型碾压机械直接滚压

C. 松土不宜用重型碾压机械直接滚压　　D. 羊足碾一般用于碾压黏性土

E. 羊足碾一般用于碾压砂性土

2. 水泥进场时应对其(　　)等进行检查和复验。

A. 安定性　　B. 包装或散装仓号

C. 出厂日期　　D. 品种、级别

E. 细度

3. 高强混凝土与普通混凝土相比，说法正确的有(　　)。

A. 高强混凝土的延性比普通混凝土好

B. 高强混凝土的抗压能力优于普通混凝土

C. 高强混凝土抗拉强度与抗压强度的比值低于普通混凝土

D. 高强混凝土的最终收缩量与普通混凝土大体相同

E. 高强混凝土的耐久性优于普通混凝土

4. 关于土石方工程机械化施工的说法，正确的有(　　)。

A. 土方运距在30～60m时最好采用推土机施工

B. 面积较大的场地平整，推土机台数不宜小于四台

C. 土方运距在200～350m时适宜采用铲运机施工

D. 开挖大型基坑时适宜采用拉铲挖掘机

E. 抓铲挖掘机和拉铲挖摇机均不宜用于水下挖土

5. 某坡地建筑基础，设计基底垫层宽为8.0m，基础中心线长为22.0m，开挖深度为1.6m，地基为中等风化软岩，根据《房屋建筑与装饰工程工程量计算规范》（GB 50854—2013）的规定，关于基础石方的项目列项或工程量计算的说法，正确的有(　　)。

A. 按挖沟槽石方列项　　B. 按挖基坑石方列项

C. 按挖一般石方列项　　D. 工程量为286.1m^3

E. 工程量为22.0m^3

6. 根据《房屋建筑与装饰工程工程量计算规范》（GB 50854—2013）的规定，关于现浇混凝土构件工程量计算的说法，正确的有(　　)。

A. 电缆沟、地沟按设计图示尺寸以面积计算

B. 台阶按设计图示尺寸以水平投影面积或体积计算

C. 压顶按设计图示尺寸以水平投影面积计算

D. 扶手按设计图示尺寸以体积计算

E. 检查井按设计图示尺寸以体积计算

7. 坡屋顶的承重屋架，常见的形式有(　　)。

A. 三角形　　B. 梯形

C. 矩形　　D. 多边形

E. 弧形

8. 掺入高效减水剂的效果是(　　)。

A. 保持坍落度不变可使混凝土 3d 强度值提高 30%

B. 保持坍落度不变可使混凝土 28d 强度值提高 60%

C. 保持坍落度和强度不变可节约水泥用量 15%

D. 提高钢筋混凝土抗钢筋锈蚀能力

E. 提高钢筋混凝土耐久性

9. 混凝土的耐久性主要体现在(　　)。

A. 抗压强度　　B. 抗折强度

C. 抗冻等级　　D. 抗渗等级

E. 混凝土碳化

10. 根据《房屋建筑与装饰工程工程量计算规范》(GB 50854—2013）的规定，关于建筑面积计算的说法，正确的有(　　)。

A. 过街楼底层的建筑物通道按通道底板水平面积计算

B. 建筑物露台按围护结构外围水平面积计算

C. 挑出宽度 1.8m 的无柱雨篷不计算

D. 建筑物室外台阶不计算

E. 挑出宽度超过 1.00m 的空调室外机搁板不计算

三、实务题（共 2 题，每题 30 分，共 60 分）

1. 某钢筋混凝土框架结构建筑物，共四层，首层层高 4.2m，第二至四层层高分别为 3.9m，首层平面、柱独立基础配筋、柱网布置及配筋、一层顶梁结构、一层顶板结构如图 1～5 所示。柱顶的结构标高为 15.9m，外墙为 240mm 厚加气混凝土砌块墙，首层墙体砌筑在顶面标高为－0.20m 的钢筋混凝土基础梁上，M5.0 混合砂浆砌筑。M1 为 1900mm×3300mm 的铝合金平开门；C1 为 2100mm×2400mm 的铝合金推拉窗；C2 为 1200mm×2400mm 的铝合金推拉窗；C3 为 1800mm×2400mm 的铝合金推拉窗；窗台高 900mm。门窗洞口上设钢筋混凝土过梁，截面为 240mm×180mm，过梁两端各伸出洞边 250mm。已知该工程抗震设防烈度为 6 度，抗震等级为四级（框架结构），梁、板、柱的混凝土均采用 C30 预拌混凝土。钢筋的保护层厚度：板为 15mm，梁柱为 25mm，基础为 35.mm。楼板厚有 150mm、100mm 两种。块料地面自下而上的做法依次为：素土夯实；300mm 厚 3∶7 灰土夯实；60mm 厚 C15 素混凝土垫层；素水泥浆一道；25mm 厚 1∶3 干硬性水泥砂浆结合层，800mm×800mm 全瓷地面砖水泥砂浆粘贴，白水泥砂浆擦缝。木质踢脚线高 150mm，基层为 9mm 厚胶合板，面层为红榉木装饰板，上口钉木线。柱面的装饰做法为：木龙骨榉木饰面包方柱，木龙骨为 25mm×25mm，中距 300mm×300mm，基层为 9mm 厚胶合板，面层为红榉木装饰板。天棚吊顶为轻钢龙骨矿棉板平顶，U 形轻钢龙骨中距为 450mm×450mm，面层为矿棉吸声板，首层吊顶底标局为 3.4m。

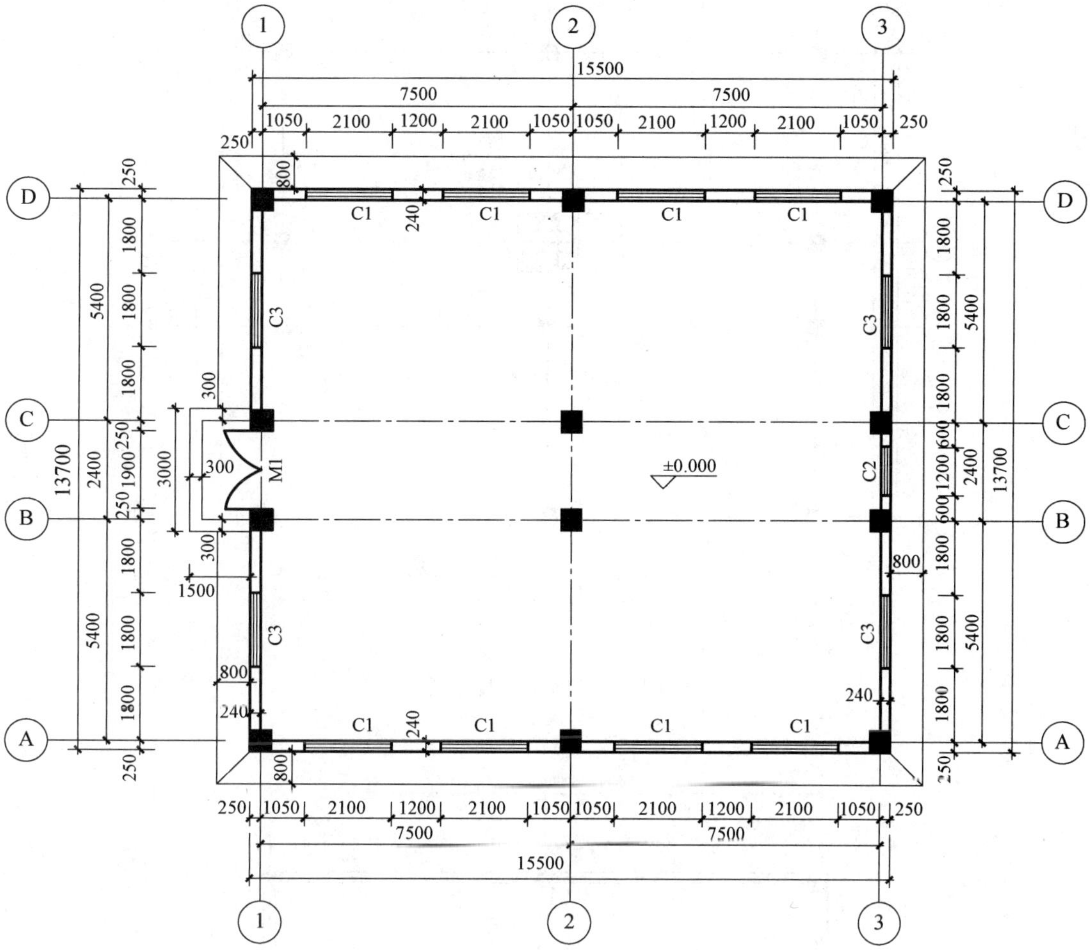

图 1　首层平面图

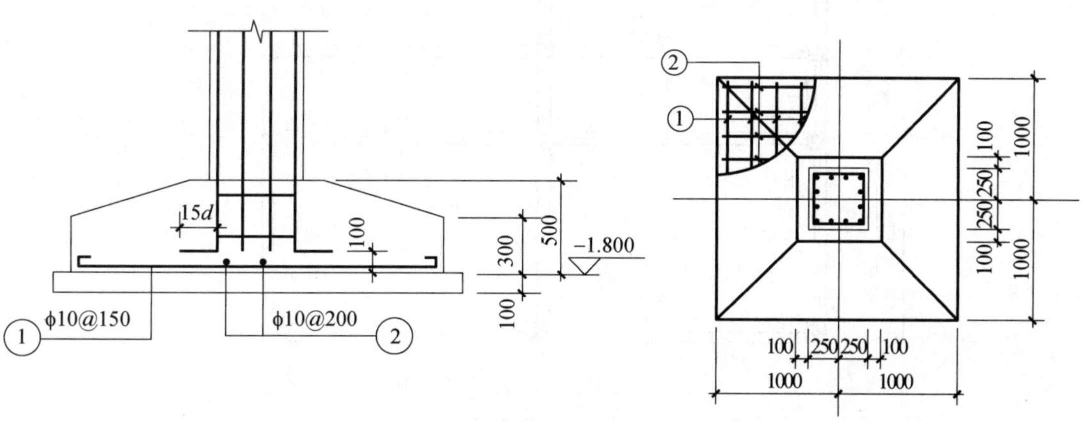

图 2　柱独立基础配筋

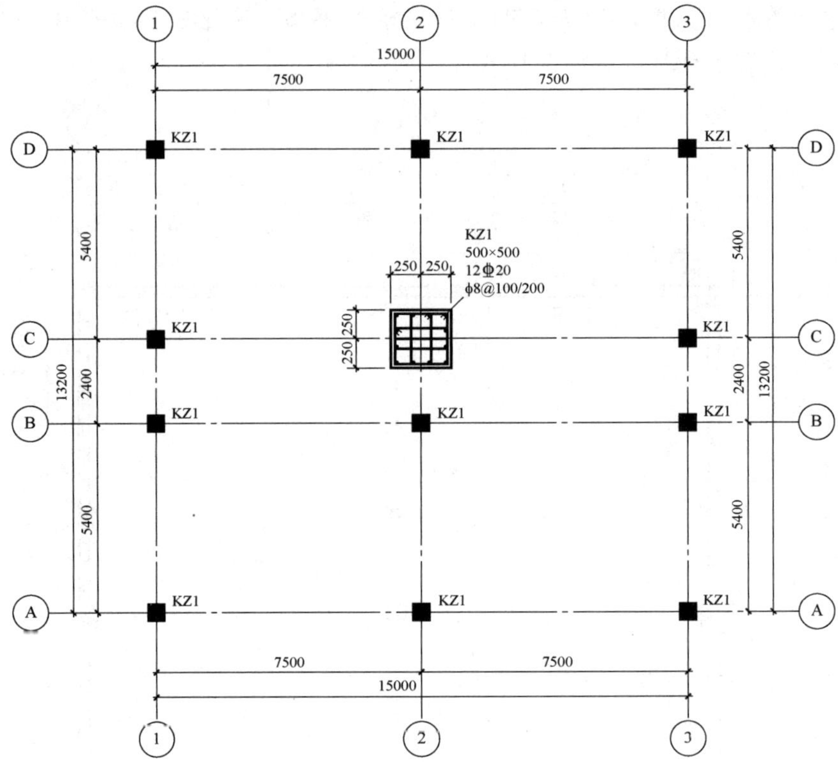

图 3　柱网布置及配筋

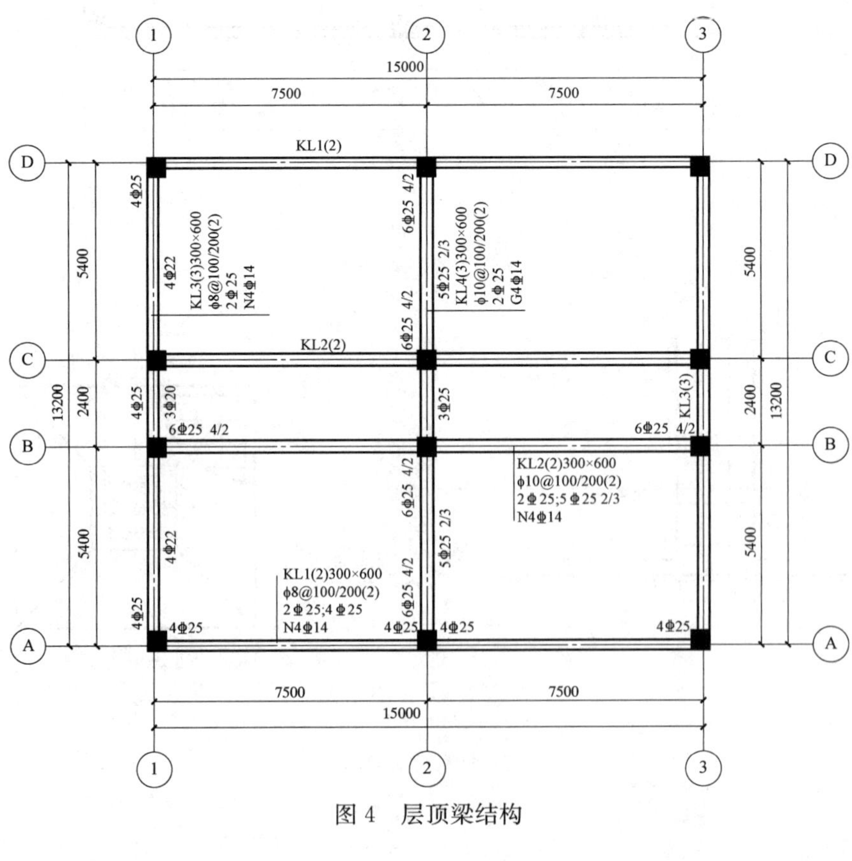

图 4　层顶梁结构

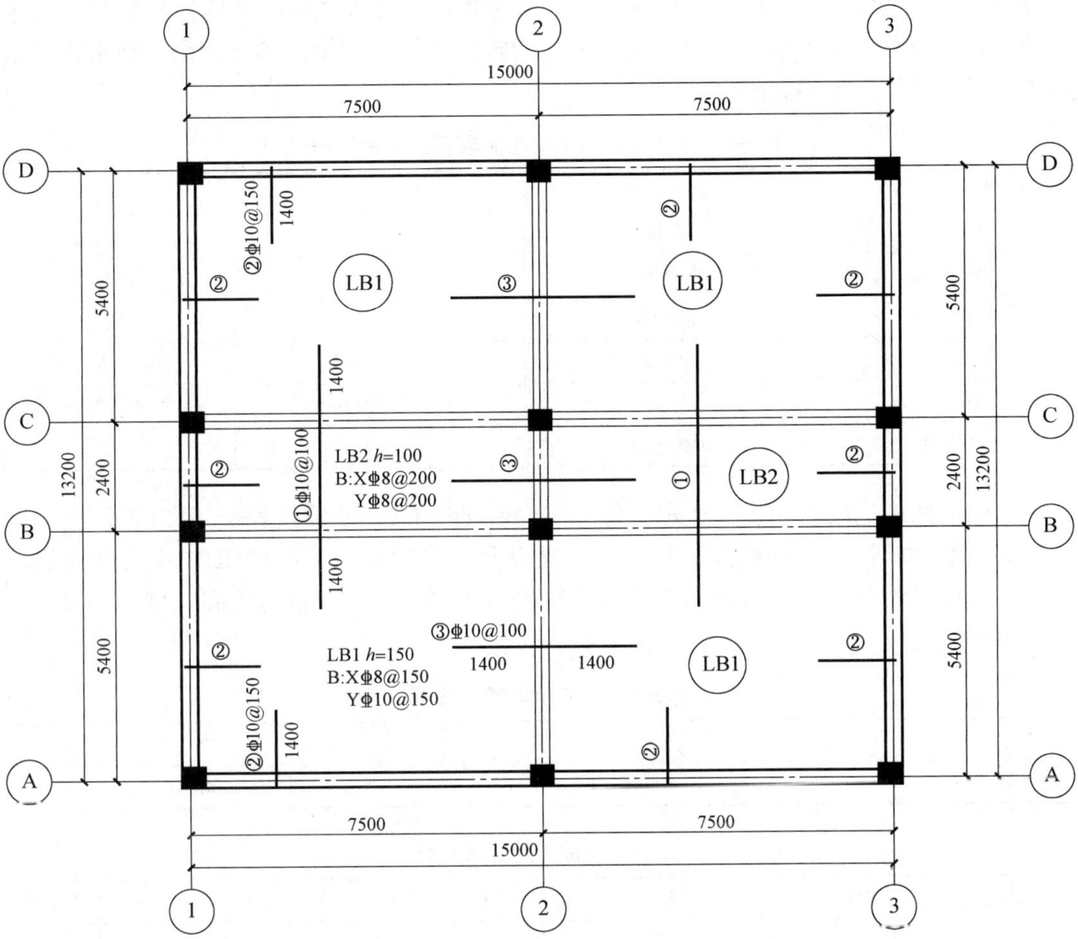

图 5　一层顶板结构

（未注明的板分布筋为曲Φ 8@250）

问题：(1) 依据《房屋建筑与装饰工程工程量计算规范》(GB 50854—2013) 的要求，计算建筑物首层的过梁、砌块墙、矩形柱（框架柱）、矩形梁（框架梁）、平板、块料地面、木质踢脚线、柱面（包括靠墙柱）装饰、吊顶天棚、矩形梁模板及平板模板的工程量。根据招标文件的要求，模板清单单独列出。将计算过程及结果填入分部分项工程和单价措施项目工程量计算表（表 1）中。

表 1　分部分项工程和单价措施项目工程量计算表

序号	项目名称	单位	数量	计算过程

(2) 依据《房屋建筑与装饰工程工程量计算规范》(GB 50854—2013) 和《建设工程工程量清单计价规范》(GB 50500—2013)，编制建筑物首层的过梁、砌块墙、矩形柱（框架

柱)、矩形梁（框架梁)、平板、块料地面、木质踢脚线、柱面（包括靠墙柱）装饰、吊顶天棚、矩形梁模板及平板模板的分部分项和单价措施项目的工程量清单。分部分项工程和单价措施项目清单的统一编码如表 2 所示。

表 2　分部分项工程和单价措施项目清单的统一编码

项目编码	项目名称	项目编码	项目名称
010503005	过梁	011105005	木质踢脚线
010402001	砌块墙	011208001	柱面装饰
010502001	矩形柱	011302001	吊顶天棚
010503002	矩形梁	011702006	矩形梁模板
010505003	平板	011702016	平板模板
011102003	块料地面		

（3）钢筋的理论质量如表 3 所示。计算②轴线的 KL4、Ⓒ轴线相交于②轴线的 KZ1 中除了箍筋、腰筋、拉筋之外的其他钢筋工程量以及①～②与④之间的 LB1 中底部钢筋的工程量。将计算过程及结果填入钢筋工程量计算表（表 4）中。钢筋的锚固长度为 $40d$，钢筋接头为对头焊接。

表 3　钢筋单位理论质量

钢筋直径（d）	$\phi8$	$\phi10$	$\phi12$	$\phi20$	$\phi22$	$\phi25$
理论重量（kg/m）	0.395	0.617	0.888	2.466	2.984	3.850

表 4　钢筋工程量计算表

位置	型号及直径	钢筋图形	计算公式	根数	总根数	单长（m）	总长（m）	总重（kg）

2. 某建筑公司（乙方）于某年 4 月 20 日与某厂（甲方）签订了修建建筑面积为 $3000m^2$ 工业厂房（带地下室）的施工合同。乙方编制的施工方案和进度计划已获监理工程师批准。该工程的基坑开挖土方量为 $4500m^3$，假设直接费单价为 4.2 元/m^3，综合费率为直接费的 20%。该基坑施工方案规定：土方工程采用租赁一台斗容量为 $1m^3$ 的反铲挖掘机施工（租赁费 450 元/台班）。甲、乙双方合同约定 5 月 11 日开工，5 月 20 日完工。在实际施工中发生了如下几项事件：

（1）因租赁的挖掘机大修，晚开工 2 日，造成人员窝工 10 个工日。

（2）施工过程中，因遇软土层，接到监理工程师 5 月 15 日停工的指令，进行地质复查，配合用工 15 个工日。

（3）5 月 19 日接到监理工程师于 5 月 20 日复工令，同时提出基坑开挖深度加深 2m 的设计变更通知单，由此增加土方开挖量 $900m^3$。

（4）5 月 20 日～5 月 22 日，因下百年不遇的大雨迫使基坑开挖暂停，造成人员窝工 10

个工日。

（5）5 月 23 日用 30 个工日修复冲坏的永久道路，5 月 24 日恢复挖掘工作，最终基坑于 5 月 30 日挖抗完毕。

问题：（1）建筑公司对上述哪些事件可以向业主要求索赔，哪些事件不可以要求索赔，并说明原因。

（2）每项事件工期索赔各是多少天？总计工期索赔是多少天？

（3）假设人工费单价为 23 元/工日，因增加用工所需的管理费为增加人工费的 30%，则合理的费用索赔总额是多少？

（4）建筑公司应向厂方提供的索赔文件有哪些？

参考答案

一、单项选择题

1. A　2. C　3. B　4. C　5. A　6. B　7. B　8. A　9. B　10. C
11. D　12. C　13. A　14. B　15. A　16. D　17. B　18. B　19. D　20. D

二、多项选择题

1. ACD　2. ABCD　3. BCDE　4. ACD　5. CD
6. BDE　7. ABCD　8. BD　9. CDE　10. CDE

三、实务题

1. 问题 1：

依据《房屋建筑与装饰工程工程量计算规范》(GB 50854—2013)，计算建筑物首层的过梁、填充墙、矩形柱（框柱）、矩形梁（框架梁）、平板、块料地面、木质踢脚线、柱 面（包括靠墙柱）装饰、吊顶天棚、矩形梁模板及平板模板的工程量，计算过程如表 5 所示。

表 5　分部分项工程和单价措施项目工程量计算表

序号	项目名称	单位	数量	计算过程
1	过梁	m^3	1.45	1.1　截面积：$S=0.24\times0.18=0.043(m^2)$ 1.2　总长度：$L=(2.1+0.25\times2)\times8+(1.2+0.25\times2)\times1+(1.8+0.25\times2)\times4+1.9\times1=33.60(m)$ 1.3　体积：$V=S\times L=0.043\times33.60=1.45(m^3)$
2	砌块墙	m^3	29.41	2.1　长度：$L=(15.0+13.2)\times2-(0.5\times10)$(扣柱)$=51.40(m)$ 2.2　高度：$H=4.2+0.2-0.6$(梁的高度)$=3.80(m)$ 2.3　扣洞口面积：$1.9\times3.3\times1+2.1\times2.4\times8+1.2\times2.4\times1+1.8\times2.4\times4=66.75(m^2)$ 2.4　扣过梁体积：$1.45m^3$ 2.5　墙体体积：$V=(51.40\times3.80-66.75)\times0.24-1.45=29.41(m^3)$
3	矩形柱	m^3	16.50	3.1　柱高：$H=4.2+(1.8-0.5)=5.5(m)$ 3.2　截面积：$0.5\times0.5=0.25(m^2)$ 3.3　数量：$n=12$ 3.4　体积：$V=0.25\times5.5\times12=16.50(m^3)$

续表 5

序号	项目名称	单位	数量	计算过程
4	矩形梁	m^3	16.40	4.1 KL1：0.3×0.6×(15－0.5×2)×2＝5.04(m^3) 4.2 KL2：0.3×0.6×(15－0.5×2)×2＝5.04(m^3) 4.3 KL3：0.3×0.6×(13.2－0.5×3)×2＝4.212(m^3) 4.4 KL4：0.3×0.6×(13.2－0.5×3)＝2.106(m^3) 合计：16.40m^3
5	平板	m^3	25.84	5.1 150 厚板：(7.5－0.15－0.05)×(5.4－0.15－0.05)×0.15×4＝22.776(m^3) 5.2 100 厚板：(7.5－0.15－0.05)×(2.4－0.15－0.15)×0.10×2＝3.066(m^3) 合计：25.84m^3
6	块料地面	m^2	197.47	6.1 净面积：(15.5－0.24×2)×(13.7－0.24×2)＝198.564(m^3) 6.2 门洞开口部分面积：1.9×0.24＝0.456(m^2) 6.3 扣柱面积：(0.5－0.24)×(0.5－0.24)×4＋(0.5－0.24)×0.5×6＋0.5×0.5×2＝1.550(m^2) 合计：197.47m^2
7	木质踢脚线	m	57.68	长度：L＝（15.5－0.24×2＋13.7－0.24×2）×2－1.9＋0.25×2＋(0.5－0.24）×10＝57.68(m)
8	柱面装饰	m^2	47.52	8.1 独立柱饰面外围周长：(0.5＋0.037×2)×4＝2.296(m) 8.2 角柱饰面外围周长：(0.5－0.24＋0.037)×2＝0.594(m) 8.3 墙柱饰面外围周长：(0.5－0.24＋0.037)×2＋(0.5＋0.037×2)＝1.168(m) 8.4 柱饰面高度：H＝3.4m 8.5 柱饰面面积：S＝3.4×(2.296×2＋0.594×4＋1.168×6)＝47.52(m^2)
9	吊顶天棚	m^2	198.56	(15.5－0.24×2)×(13.7－0.24×2)＝198.56(m^2)
10	梁模板	m^2	118.81	10.1 KL1：(7.5－0.5)×2×(0.6×2－0.15＋0.3)×2＝37.80(m^2) 10.2 KL2：(7.5－0.5)×2×(0.6×2－0.1－0.15＋0.3)×2＝35.00(m^2) 10.3 KL3：[(5.4－0.5)×2×(0.6×2－0.15＋0.3)＋(2.4－0.5)×(0.6×2－0.1＋0.3)]×2＝31.78(m^2) 10.4 KL4：(5.4－0.5)×2×(0.6×2－0.15×2＋0.3)＋(2.4－0.5)×(0.6×2－0.1×2＋0.3)＝14.23(m^2) 合计：S＝37.80＋35.00＋31.78＋14.23＝118.81(m^2)
11	板模板	m^2	182.02	(15.5－0.3×3)×(13.7－0.3×4)－0.2×0.2×4－0.2×0.1×12－0.1×0.1×8＝182.02(m^2)

问题 2：

依据《房屋建筑与装饰工程工程量计算规范》(GB 50854—2013）和《建设工程工程量清单计价规范》(GB50500－2013)，编制建筑物首层的过梁、填充墙、矩形柱（框架柱)、矩 形梁（框架梁)、平板、地面瓷砖、木质踢脚板、柱面装饰、吊顶天棚、矩形梁模板及平板模板的分部分项工程和单价措施项目清单与计价表，如表 6 所示。

表 6　分部分项工程和单价措施项目清单与计价表

序号	项目编码	项目名称	项目特征	计量单位	工程量	金额（元）		
						综合单价	合价	暂估价
1	010503005001	过梁	1. 混凝土种类：预拌混凝土 2. 混凝土强度等级：C30	m³	1.45			
2	010402001001	砌块墙	1. 砌块品种、规格：加气混凝土砌块（240mm） 2. 墙体类型：砌块外墙 3. 砂浆强度等级：M5.0 水泥砂浆	m³	29.41			
3	010502001001	矩形柱	1. 混凝土种类：预拌混凝土 2. 混凝土强度等级：C30	m³	16.50			
4	010503002001	矩形梁	1. 混凝土种类：预拌混凝土 2. 混凝土强度等级：C30	m³	16.40			
5	010505005001	平板	1. 混凝土种类：预拌混凝土 2. 混凝土强度等级：C30	m³	25.84			
6	011102003001	块料地面	1. 结合层：素水泥浆一遍，25mm 厚 1∶3干硬性水泥砂浆 2. 面层：800mm × 800mm 全瓷地面砖 3. 白水泥砂浆擦缝	m²	197.47			
7	011105005001	木质踢脚线	1. 踢脚线高度：150mm 2 基层：9mm 厚胶合板 3. 面层：3mm 厚榉木装饰板，上口钉木线	m	57.68			
8	011208001001	柱面装饰	1. 木龙骨：25mm × 25mm，中距 300mm×300mm 2. 基层：9mm 厚胶合板 3. 面层：3mm 厚榉木装饰板	m²	47.52			
9	011302001001	吊顶天棚	1. 龙骨：U 形轻钢骨中距 450mm ×450mm 2. 面层：矿棉吸声板	m²	198.56			
10	011702006001	矩形梁模板	支撑高度：4.2m	m²	118.81			
11	011702016001	平板模板	支撑高度：4.2m	m²	182.02			

问题 3：

计算②轴线的 KI4、©轴线相交于②轴线的 KZ1 中除了箍筋、腰筋、拉筋之外的其他钢筋工程量以及①～②与④轴间的 LB1 中底部钢筋的工程量。将计算结果填入钢筋工程量计算表（表 7）中。

LB1 中下部 ϕ8 钢筋的根数：(5400－150－50＋250－300－50)÷150＋1＝35(根)

LB1 中下部 ϕ10 钢筋的根数：(7500－150－50＋250－300－50)÷150＋1＝49(根)

表 7　钢筋工程量计算表

位置	筋号及直径	钢筋图形	计算公式	根数	总根数	单长（m）	总长（m）	总重（kg）
KL4								
1. 上部通长筋	Φ25	375 13650 375	500－25＋15×d＋(13200－500)＋500－25＋15×d	2	2	14.40	28.80	110.88
1. 左支座（A轴处）上部第一排钢筋	Φ25	375 2108	500－25＋15×d＋(5400－500)/3	2	2	2.483	4.966	19.119
1. 左支座（A轴处）上部第二排钢筋	Φ25	375 1700	500－25＋15×d＋(5400－500) /4	2	2	2.075	4.15	15.978
1. 中间支座（B－C轴处）上部第一排钢筋	Φ25	6167	(5400－500)/3＋2400＋500＋(5400－500)/3	2	2	6.167	12.334	47.486
1. 中间支座（B－C轴处）上部第二排钢筋	Φ25	5350	(5400－500)/4＋2400＋500＋(5400－500)/4	2	2	5.35	10.70	41.195
1. 右支座（D轴处）上部第一排钢筋	Φ25	2108 375	500－25＋15×d＋(5400－500)/3	2	2	2.483	4.966	19.119
1. 右支座（D轴处）上部第二排钢筋	Φ25	1700 375	500－25＋15×d＋(5400－500)/4	2	2	2.075	4.15	15.978
2. 左下部（A－B轴处）钢筋	Φ25	375 6375	500－25＋15×d＋(5400－500)＋40×d	5	5	6.75	33.75	129.938
2. 中间支座（B－C轴）下部钢筋	Φ25	3900	40×d＋(2400－500)＋40×d	3	3	3.90	11.70	45.045
2. 右下部（C－D轴处）钢筋	Φ25	6375 375	500－25＋15×d＋(5400－500)＋40×d	5	5	6.75	33.75	129.938
		KL4 中的Φ25 钢筋合计						574.676

续表 7

位置	筋号及直径	钢筋图形	计算公式	根数	总根数	单长(m)	总长(m)	总重(kg)
KL1 竖向钢筋	Φ20	240 17545 300	15×d+(1800−100)+(15870−25)+12×d	12	12	18.085	217.02	536.04
LB1 下部钢筋	Φ8	7600	7500+250−150	35	140	7.6	1064	420.28
LB1 下部钢筋	Φ10	5500	5400+250−150	49	196	5.5	1078	665.126

2. 问题 1：

事件 1：索赔不成立。因此事件发生原因属承包商自身责任。

事件 2：索赔成立。因该施工地质条件的变化是一个有经验的承包商所无法合理预见的。

事件 3：索赔成立。这是因设计变更引发的索赔。

事件 4：索赔成立。这是因特殊反常的恶劣天气造成工程延误。

事件 5：索赔成立。因恶劣的自然条件或不可抗力引起的工程损坏及修复应由业主承担责任。

问题 2：

事件 2：索赔工期 5d（5 月 15 日～5 月 19 日）。

事件 3：索赔工期 2d。

因增加工程量引起的工期延长，按批准的施工进度计划计算。原计划每天完成工程量：4500÷10=450(m^3)

现增加工程量 900m^3，因此应增加工期为 900÷450=2(d)

事件 4：索赔工期 3d（5 月 20 日～5 月 22 日）

因自然灾害造成的工期延误属于工期索赔的范畴。

事件 5：索赔工期 1d（5 月 23 日）

工程修复导致的工期延长责任由业主承担。

共计索赔工期为 5+2+3+1=11(d)

问题 3：

事件 2：人工费：15×23=345(元)（注：增加的人工费应按人工费单价计算）

机械费：450×5=2250(元)（注：机械窝工，其费用应按租赁费计算）

管理费：345×30%=103.5(元)（注：题目中条件为管理费为增加人工费的 30%，与机械费等无关）

事件 3：可直接按土方开挖单价计算。

900×4.2×(1+20%)=4536(元)（注：此处与按 F1D1C 条款计算不一样）

事件 4：费用索赔不成立。（注：因自然灾害造成的承包商窝工损失由承包商自行承担）

事件5：人工费：30×23＝690(元)

机械费：450×1＝450(元)（注：不要忘记此时机械窝工1d)

管理费：690×30％＝207(元)

合计可索赔费用为345＋2250＋103.5＋4536＋690＋450＋207＝8581.5(元)

问题4：

索赔通知、索赔报告、索赔详细计算程序及索赔证据等。

模拟试题二

一、单项选择题（共20题，每题1分，共20分。每题的备选答案中只有一个最符合题意）

1. 花岗石板材是一种优质的饰面板材，但其不足之处是(　　)。

A. 化学及稳定性差　　B. 抗风化性能较差

C. 硬度不及大理石板　　D. 耐火性较差

2. 毛石基础是由强度较高且耐风化的毛石和砂浆砌筑而成。根据毛石材料特点，毛石基础砌筑时的宽度及台阶高度不应小于(　　)。

A. 400mm　　B. 350mm　　C. 300mm　　D. 250mm

3. 同一工程地质条件区域内，在承受相同的上部荷载时，选用埋深最浅的基础是(　　)。

A. 毛石基础　　B. 柔性基础

C. 毛石混凝土基础　　D. 混凝土基础

4. 根据外窗的传热系数，将窗户的保温性能分为(　　)级。

A. 5　　B. 6　　C. 8　　D. 10

5. 水泥熟料中掺入活性混合材料，可以改善水泥性能，常用的活性材料有(　　)。

A. 粉煤灰　　B. 石英砂

C. 石灰石　　D. 矿渣粉

6. 关于普通混凝土外加剂的说法，正确的是(　　)。

A. 外加剂是在混凝土拌合时或拌合后掺入

B. 掺量一般不大于水泥用量的10%

C. 室内使用功能混凝土外加剂释放的氨量不大于0.20%

D. 外加剂技术要求包括受检混凝土性能指标和匀质性指标

7. 影响混凝土拌合物和易性的最主要因素是(　　)。

A. 单位体积用水量　　B. 砂率和针片状含量

C. 组成材料的性质　　D. 拌合时间和温度

8. 同一构件中相邻纵向受力钢筋的绑扎搭接接头宜相互错开。绑扎搭接接头中钢筋的横向净距不应小于钢筋直径，且不应小于(　　)mm。

A. 10　　B. 15　　C. 25　　D. 35

9. (　　)是预应力筋进行张拉和临时固定的工具，可以重复使用。

A. 穿心式千斤顶　　B. 锚具　　C. 夹具　　D. 台座

10. 关于施工总平面图设计原则的说法，不正确的是(　　)。

A. 满足劳动保护的要求

B. 满足安全防火的要求

C. 尽量不利用各种永久性建筑物
D. 各种生产生活设施应便于工人的生产和生活

11. 爆扩成孔灌注桩的主要优点是(　　)。
A. 适于软土中形成桩基础　　B. 扩大桩底支撑面
C. 增大桩身周边土体的密实度　　D. 有效扩大桩柱直径

12. 以下土层中不宜采用重锤夯实法夯实地基的是(　　)。
A. 砂土　　B. 湿陷性黄土
C. 杂填土　　D. 软黏土

13. 防水要求高和耐用年限长的土木建筑工程，防水材料应优先选用(　　)。
A. 三元乙丙橡胶防水卷材　　B. 聚氯乙烯防水卷材
C. 氯化聚乙烯防水卷　　D. 沥青复合胎柔性防水卷材

14. 与普通混凝土相比，高强混凝土的特点是(　　)。
A. 早期强度低，后期强度高　　B. 徐变引起的应力损失大
C. 耐久性好　　D. 延展性好

15. 隔热、隔声效果最好的材料是(　　)。
A. 岩棉　　B. 石棉
C. 玻璃棉　　D. 膨胀蛭石

16. 地基处理常采用强夯法，其特点在于(　　)。
A. 处理速度快、工期短，适用于城市施工
B. 不适用于软黏土层处理
C. 处理范围应小于建筑物基础范围
D. 采取相应措施还可用于水下夯实

17. 预应力混凝土构件先张法施工工艺流程正确的是(　　)。
A. 安骨架、钢筋—张拉—安底、侧模—浇灌—养护—拆模—施张
B. 安底模、骨架、钢筋—张拉—支侧模—浇灌—养护—拆模—放张
C. 安骨架—安钢筋—安底、侧模—浇灌—张拉—养护—放张—拆模
D. 安底模、侧模—安钢筋—张拉—浇灌—养护—放张—拆模

18. 根据《建筑工程建筑面积计算规范》(GB/T 50353—2013)的规定，建筑物的建筑面积应按自然层外墙结构外围水平面积之和计算。以下说法中正确的是(　　)。
A. 建筑物高度为 2.00m 部分，应计算全面积
B. 建筑物高度为 1.8m 部分，不计算面积
C. 建筑物高度为 1.2m 部分，不计算面积
D. 建筑物高度为 2.1m 部分，应计算二分之一面积

19. 根据《房屋建筑与装饰工程工程量计算规范》(GB 50854—2013)的规定，关于地基处理工程量计算的说法，正确的是(　　)。
A. 振冲桩（填料）按设计图示处理范围以面积计算
B. 砂石桩按设计图示尺寸以桩长（不包括桩尖）计算
C. 水泥粉煤灰碎石桩按设计图示尺寸以体积计算
D. 深层搅拌桩按设计图示尺寸以桩长计算

20. 根据《房屋建筑与装饰工程工程量计算规范》(GB 50854—2013)的规定，关于砌体工程量计算的说法，正确的是(　　)。

A. 砖基础工程量中不含基础砂浆防潮层所占的体积

B. 使用同一种材料的基础与墙身以设计室内地面为分界

C. 实心砖墙的工程量中不应计入凸出墙面的砖垛体积

D. 坡屋面有屋架的外墙高由基础顶面算至屋架下弦底面

二、多项选择题(共10题，每题2分，共20分。每题的备选答案中至少有2个或2个以上是正确的，至少有1个是错误的，选错1个选项本题不得分，每选对1个选项得0.5分)

1. 要防止大体积混凝土结构浇筑后产生裂缝，降低混凝土的温度应力，减少浇筑后混凝土的内外温差的措施有(　　)。

A. 优先选用水化热低的水泥　　B. 掺适量的粉煤灰

C. 减少水泥用量　　D. 提高浇筑速度

E. 人工降温措施

2. 常用钢筋焊接方法有(　　)。

A. 闪光对焊　　B. 电渣压力焊

C. 电阻点焊　　D. 埋弧压力焊

E. 加药压力焊

3. 关于保温隔热材料的说法，正确的有(　　)。

A. 矿物棉的最高使用温度约600℃

B. 石棉最高使用温度可达600～700℃

C. 玻璃棉最高使用温度为300～500℃

D. 陶瓷纤维最高使用温度为1100～1350℃

E. 矿物棉的缺点是吸水性大，弹性小

4. 常用于高温环境中的保温隔热材料有(　　)。

A. 泡沫塑料制品　　B. 玻璃棉制品

C. 陶瓷纤维制品　　D. 膨胀珍珠岩制品

E. 膨胀蛭石制品

5. 现浇混凝土灌注桩，按成孔方法分为(　　)。

A. 柱锤冲扩桩　　B. 泥浆护壁成孔灌注桩

C. 干作业成孔灌注桩　　D. 人工挖孔灌注桩

E. 爆扩成孔灌注桩

6. 根据《房屋建筑与装饰工程工程量计算规范》(GB 50854—2013)的规定，关于现浇混凝土构件工程量计算的说法，正确的有(　　)。

A. 构造柱按柱断面尺寸乘以全高以体积计算，嵌入墙体部分不计

B. 框架柱工程量按柱基上表面至柱顶以高度计算

C. 梁按设计图示尺寸以体积计算，主梁与次梁交接处按主梁体积计算

D. 混凝土弧形墙按垂直投影面积乘以墙厚以体积计算

E. 挑檐板按设计图示尺寸以体积计算

7. 根据《房屋建筑与装饰工程工程量计算规范》(GB 50854—2013）的规定，关于墙面防水工程量计算的说法，正确的有（　　）。

A. 墙面涂膜防水按设计图示尺寸以质量计算

B. 墙面砂浆防水按设计图示尺寸以体积计算

C. 墙面变形缝按设计图示尺寸以长度计算

D. 墙面卷材防水按设计图示尺寸以面积计算

E. 墙面防水搭接用量按设计图示尺寸以面积计算

8. 根据《房屋建筑与装饰工程工程量计算规范》(GB 50854—2013）的规定，关于楼地面装饰工程量计算的说法，正确的有（　　）。

A. 现浇水磨石楼地面按设计图示尺寸以面积计算

B. 细石混凝土楼地面按设计图示尺寸以体积计算

C. 块料台阶面按设计图示尺寸以展开面积计算

D. 金属踢脚线按延长米计算

E. 石材楼地面按设计图示尺寸以面积计算

9. 根据《建设工程工程量清单计价规范》(GB-50500—2013）的规定，关于计日工费的确认和支付的说法，正确的有（　　）。

A. 承包人应按照确认的计日工现场签证报告核实该类项目的工程数量和单价

B. 已标价工程量清单中有该类计日工单价的，按该单价计算

C. 已标价工程量清单中没有该类计日工单价的，按承包人报价计算

D. 计日工价款应列入同期进度款支付

E. 发包人通知承包人以计日工方式实施的零星工作，承包人应予执行

10. 根据财政部、国家发改委、住建部的有关文件，竣工结算的组成文件包括（　　）。

A. 工程竣工验收报告　　B. 工程竣工图

C. 设计概算施工图预算　　D. 工程竣工结算

E. 工程竣工造价对比分析

三、实务题（共 2 题，每题 30 分，共 60 分）

1. 国有资金投资依法必须公开招标的某建设项目，采用工程量清单计价方式进行施工招标，招标控制价为 3568 万元，其中暂列金额 280 万元，招标文件中规定：

(1）投标有效期 90d，投标保证金有效期与其一致。

(2）投标报价不得低于企业平均成本。

(3）近三年施工完成或在建的合同价超过 2000 万元的类似工程项目不少于 3 个。

(4）合同履行期间，综合单价在任何市场波动和政策变化下均不得调整。

(5）缺陷责任期为 3 年，期满后退还预留的质量保证金。

投标过程中，投标人 F 在开标前 1h 口头告知招标人，撤回了已提交的投标文件，要求招标人 3 日内退还其投标保证金。

除 F 外还有 A、B、C、D、E 五个投标人参加了投标，其总报价分别为：3489 万元、3470 万元、3358 万元、3209 万元、3542 万元。评标过程中，投标委员会发现投标人 B 的暂列金额按 260 万元计取，且对招标清单中的材料暂估单价均下调 5%后计入报价；发现投标人 E 报价中混凝土梁的综合单价为 700 元/m^3，招标清单工程量为 520m^3，合价为 36400

元。其他投标人的投标文件均符合要求。

招标文件中规定的评分标准如下：商务标中的总报价评分占60分，有效报价的算术平均数为评标基准价，报价等于评标基准价者得满分（60分）。在此基础上，报价比评标基准价每下降1%，扣1分；每上升1%，扣2分。

问题：(1) 请逐一分析招标文件中规定的（1）～（5）项内容是否妥当，并对不妥之处分别说明理由。

(2) 请指出投标人F行为的不妥之处，并说明理由。

(3) 针对投标人B、投标人E的报价，评标委员会应分别如何处理？并说明理由。

(4) 计算各有效报价投标人的总报价得分。（计算结果保留两位小数）

2. 某建筑工程项目业主和承包方双方签订了施工合同，工期为4个月。相关工程价款及其支付条款约定如下：

（1）工程价款：

1）分部工程项目费用合计59.2万元，包括分项工程A、B、C三项，清单工程量分别为600m^3、800m^3、900m^2，综合单价分别为300元/m^3、380元/m^3、120元/m^2。

2）单价措施项目费用6万元，不予调整。

3）总价措施项目费用8万元，其中，安全文明施工费按分项工程和单价措施项目费用之和的5%计取（随计取基数的变化在第4个月调整），除安全文明施工费之外的其他总价措施项目费用不予调整。

4）暂列金额5万元。

5）管理费和利润按人材机费用之和的18%计取，规费按人材机费和管理费、利润之和的5%计取，增值税率为11%。

6）上述费用均不包含增值税可抵扣进项税额。

（2）工程款支付：

1）开工前，发包人按分项工程和单价措施项目工程款的20%支付给承包人作为预付款（在第2～4个月的工程款中平均扣回），同时将安全文明施工费工程款全额支付给承包人。

2）分项工程价款按完成工程价款的85%逐月支付。

3）单价措施项日和除安全文明施工费之外的总价措施项目工程款在工期第1～4个月均衡考虑，按85%比例逐月支付。

4）其他项目工程款的85%在发生当月支付。

5）第4个月调整安全文明施工费工程款，增（减）额当月全额支付（扣除）。

6）竣工验收通过后30d内进行工程结算，扣留工程总造价的3%作为质量保证金，其余工程款作为竣工结算最终付款一次性结清。

施工期间分项工程计划和实际进度表如表1所示。

表1　分项工程计划和实际进度表

分项工程及其工程量		第1月	第2月	第3月	第4月	合计
A	计划工程量（m^3）	300	300			600
	实际工程量（m^3）	200	200	200		600

续表 1

分项工程及其工程量		第 1 月	第 2 月	第 3 月	第 4 月	合计
B	计划工程量（m^3）	200	300	300		800
	实际工程量（m^3）		300	300	300	900
C	计划工程量（m^2）		300	300	300	900
	实际工程量（m^2）		200	400	300	900

在施工期间第 3 个月，发生一项新增分项工程 D。经发承包双方核实确认，其工程量为 $300m^2$，每平方米所需不含税人工和机械费用为 110 元，每平方米机械费可抵扣进项税额为 10 元；每平方米所需甲、乙、丙三种材料不含税费用分别为 80 元、50 元、30 元，可抵扣进项税率分别为 3%、11%、17%。

问题：(1) 该工程签约合同价款为多少万元？开工前发包人应支付给承包人的预付款和安全文明施工费工程款分别为多少万元？

(2) 第 2 个月，承包人完成合同价款为多少万元？发包人应支付合同价款为多少万元？截止到第 2 个月末，分项工程 B 的进度偏差为多少万元？

(3) 新增分项工程 D 的综合单价为多少元/m^2？该分项工程费为多少万元？销项税额、可抵扣进项税额、应缴纳增值税额分别为多少万元？

(4) 该工程竣工结算合同价款增减额为多少万元？如果发包人在施工期间均已按合同约定支付给承包商各项工程款，假定累积已支付合同价款 87.099 万元，则竣工结算最终付款为多少万元？

(计算过程和结果保留三位小数)

参考答案

一、单项选择题

1. D　2. A　3. B　4. D　5. D　6. D　7. A　8. C　9. C　10. C
11. B　12. D　13. A　14. C　15. D　16. D　17. B　18. D　19. D　20. B

二、多项选择题

1. ABCE　2. ABCD　3. ADE　4. CDE　5. BCDE
6. BCE　7. CD　8. ADE　9. BDE　10. BE

三、实务题

1. 问题 1：

① 妥当。

② 不妥。投标报价不得低于成本价，并不是低于企业的平均成本。

③ 妥当。

④ 不妥。对于主要由市场价格波动导致的价格风险，发承包双方应在招标文件中或在合同中对此类风险的范围和幅度予以明确约定，进行合理分摊。法律、法规等政策性变化，由发包人承担，承包人不应承担此类风险。

⑤ 不妥。缺陷责任期一般为半年或 1 年，最长不超过 2 年。招标文件中规定 3 年不妥。

问题 2：

①“投标人 F 在开标前 1h 口头告知招标人”不妥。

理由：投标人撤回已提交的投标文件，应当在投标截止时间前书面通知招标人。

②“要求招标人 3 日内退还其投标保证金”不妥。

理由：投标人撤回已提交的投标文件，应当在投标截止时间前书面通知招标人。招标人已收取投标保证金的，应当自收到投标人书面撤回通知之日起 5 日内退还。

问题 3：

① 针对投标人 B 的报价，评标委员会应做废标处理。

理由：因为投标人应按照招标人提供的暂列金额、暂估价进行投标报价，不得变动和更改。投标人 B 的投标报价中，暂列金额、材料暂估价没有按照招标文件的要求填写，未在实质上响应招标文件，故应做废标处理。

② 针对投标人 E 的报价，评标委员会应做废标处理。

理由：投标人 E 的混凝土梁的报价中，单价与总价不符，评标委员会应以单价金额为准修正总价，并请投标单位确认。修正后混凝土梁的总价为 700×520÷10000＝36.4(万元)，则投标人 E 经修正后的报价＝3542＋(36.4－3.64)＝3574.76(万元)，高于招标控制价 3568 万元，故应做废标处理。

问题 4：

有效投标共 3 家单位：分别为 A（3489 万元）、C（3358 万元）、D（3209 万元）。

有效报价算数平均数＝(3489＋3358＋3209)÷3＝3352(万元)

A 投标人总报价得分：(3489－3352)÷3352＝4.09％

60－4.09×2＝51.82(分)

C 投标人总报价得分：(3358－3352)÷3352＝0.18％

60－0.18×2＝59.64(分)

D 投标人总报价得分：(3352－3209)÷3352＝4.27％

60－4.27×1＝55.73(分)

2. 问题 1：

该工程签约合同价＝(59.2＋6＋8＋5)×(1＋5％)×(1＋11％)＝91.142(万元)

开工前发包人应支付给承包人的预付款＝(59.2＋6)×(1＋5％)×(1＋11％)×20％＝15.19(万元)

安全文明施工费工程款＝(59.2＋6)×5％×(1＋5％)×(1＋11％)＝3.800(万元)

问题 2：

第 2 个月，承包人完成合同价款＝{(200×300＋300×380＋200×120)÷10000＋[6＋8－(59.2＋6)×5％]÷4}×(1＋5％)×(1＋11％)＝26.206(万元)

发包人应支付合同价款为＝26.206×85％－15.198÷3＝17.209(万元)

截止到第 2 个月末，分项工程 B 的进度偏差＝已完成工程计划费用－拟完工程计划费用＝(300×380－500×380)÷10000＝－7.600(万元)，进度拖后 7.600 万元。

或：已完工程计划投资＝300×380÷10000×1.1655＝13.287(万元)

拟完工程计划投资＝(200＋300)×380÷10000×1.1655＝22.145(万元)

进度偏差＝已完工程计划投资－拟完工程计划投资＝13.287－22.145＝－8.858(万元)

进度拖后 8.858 万元。

问题 3：

新增分项工程 D 的综合单价＝(110＋80＋50＋30)×(1＋18％)＝318.600(元/m^2)

该分项工程费＝300×318.6÷10000＝9.558(万元)

分项工程 D 不含税造价＝9.558×(1＋5％)＝10.036(万元)

分项工程 D 含税造价＝9.558×(1＋5％)×(1＋11％)＝11.140(万元)

销项税额＝不含税造价×11％＝10.036×11％＝1.104(万元)

可抵扣的进项税额：

① 甲材料：300×80÷10000×3％＝0.072(万元)

② 乙材料：300×50÷1000×11％＝0.165(万元)

③ 丙材料：300×30÷10000×17％＝0.153(万元)

④ 机械费：300×10÷10000＝0.300(万元)

可抵扣的进项税额合计＝0.072＋0.165＋0.153＋0.300＝0.690(万元)

应缴纳增值税额＝销项税－可抵扣的进项税＝1.104－0.690＝0.414(万元)

问题 4：

① B 分部分项价款增减＝(900－800)×380÷10000×(1＋5％)×(1＋11％)＝4.429(万元)

B 分项工程安全文明施工费调整＝4.429×5％＝0.221(万元)

新增分项工程 D 分项工程安全文明施工费调整＝11.140×5％＝0.557(万元)

该工程竣工结算合同价增减额＝4.429＋0.221＋11.140＋0.557－5×(1＋5％)×(1＋11％)＝10.520(万元)

② 竣工结算最终付款＝(91.142＋10.520)×(1－3％)－87.099＝11.513(万元)

模拟试题三

一、单项选择题（共20题，每题1分，共20分。每题的备选答案中只有一个最符合题意）

1. 提高混凝土的抗渗性和抗冻性的关键是(　　)。

A. 选用合理砂率　　B. 增大水灰比　　C. 提高密实度　　D. 增加骨料用量

2. 关于普通混凝土的说法，正确的是(　　)。

A. 坍落度或坍落扩展度愈大，流动性愈小

B. 稠度值愈大，流动性愈小

C. 砂率是影响混凝土和易性的最主要因素

D. 砂率是指混凝土中砂的质量占砂、石总体积的百分率

3. 单位工程施工平面图设计第一步是(　　)。

A. 布置运输道路

B. 确定搅拌站、仓库、材料和构件堆场、加工厂的位置

C. 确定起重机的位置

D. 布置水电管线

4. 对隔热、隔声性能要求较高的建筑物宜选用(　　)。

A. 真空玻璃　　B. 中空玻璃

C. 镀膜玻璃　　D. 钢化玻璃

5. 基坑开挖时，造价相对偏高的边坡支护方式应为(　　)。

A. 水平挡土板　　B. 垂直挡土板

C. 地下连续墙　　D. 水泥土搅拌桩

6. 在挖深3m，1～3类土砂性土壤基坑，且地下水位较高，宜优先选用(　　)。

A. 正铲挖掘机　　B. 反铲挖掘机

C. 拉铲挖掘机　　D. 抓铲挖掘机

7. 利用爆破石渣和碎石填筑大型地基，应优先选用的压实机械为(　　)。

A. 羊足碾　　B. 平碾　　C. 振动碾　　D. 蛙式打夯机

8. 在剪力墙体系和筒体体系高层建筑的钢筋混凝土结构施工时，高度、安全、一次性投资少的模板形式应为(　　)。

A. 组合模板　　B. 滑升模板　　C. 爬升模板　　D. 台模

9. 装配式混凝土结构施工时，直径大于20mm或直接受动力荷载构件的纵向钢筋不宜采用(　　)。

A. 套筒灌浆连接　　B. 浆锚搭接连接　　C. 机械连接　　D. 焊接连接

10. 钢结构单层厂房的吊车梁安装选用较多的起重机械是(　　)。

A. 拔杆　　B. 桅杆式起重机　　C. 履带式起重机　　D. 塔式起重机

11. 可用于地下砖石结构和防水混凝土结构的加强层，且施工方便、成本较低的表面防水层应为(　　)。

A. 水泥砂浆防水层　　B. 涂膜防水层
C. 卷材防水层　　D. 涂料防水层

12. 塑料的主要组成材料是(　　)。

A. 玻璃纤维　　B. 乙二胺　　C. DBP 和 DOP　　D. 合成树脂

13. 钢筋混凝土预制桩的运输和堆放应满足以下要求(　　)。

A. 混凝土强度达到设计强度的 70%以上方可运输
B. 混凝土强度达到设计强度的 100%方可运输
C. 堆放层不宜超过 10 层
D. 不同规格的桩按上小下大堆放

14. 基坑采用轻型井点降水，其井点布置应考虑的主要因素是(　　)。

A. 水泵房的位置　　B. 土方机械型号
C. 地下水位流向　　D. 基坑边坡支护形式

15. 根据《建筑工程建筑面积计算规范》（GB/T 50353—2013）的规定，形成建筑空间，结构净高 2.18m 部位的坡屋顶，其建筑面积(　　)。

A. 不予计算　　B. 按 1/2 面积计算
C. 按全面积计算　　D. 视使用性质确定

16. 根据《建筑工程建筑面积计算规范》（GB/T 50353—2013）的规定，建筑物室外楼梯的建筑面积(　　)。

A. 按水平投影面积计算全面积
B. 按结构外围面积计算全面积
C. 依附于自然层按水平投影面积的 1/2 计算
D. 依附于自然层按结构外层面积的 1/2 计算

17. 根据《房屋建筑与装饰工程工程量计算规范》（GB 50854－2013）的规定，关于打桩工程量计算的说法，正确的是(　　)。

A. 打预制钢筋混凝土方桩，按设计图示尺寸桩长以米计算，送桩工程量另计
B. 打预制钢筋混凝土管桩，按设计图示数量以根计算，截桩头工程量另计
C. 钢管桩按设计图示截面积乘以桩长，以实体积计算
D. 钢板桩按不同板幅以设计长度计算

18. 根据《房屋建筑与装饰工程工程量计算规范》（GB 50854—2013）的规定，关于天棚抹灰工程量计算的说法，正确的是(　　)。

A. 扣除检查口和管道所占面积　　B. 板式楼梯底面抹灰按水平投影面积计算
C. 扣除间壁墙、垛和柱所占面积　　D. 锯齿形楼梯底板抹灰按展开面积计算

19. 根据《建筑工程建筑面积计算规范》（GB/T 50353—2013）的规定，建筑物内设有局部楼层，局部二层层高 2.15m，关于其建筑面积计算的说法，正确的是(　　)。

A. 无围护结构的不计算面积
B. 无围护结构的按结构底板水平面积计算
C. 有围护结构的按结构底板水平面积计算

D. 有围护结构的按结构底板水平面积的 1/2 计算

20. 根据《房屋建筑与装饰工程工程量计算规范》(GB 50854—2013) 的规定，关于石方的项目列项或工程量计算的说法，正确的是(　　)。

A. 山坡凿石按一般石方列项

B. 考虑石方运输，石方体积需折算为虚方体积计算

C. 管沟石方均按一般石方列项

D. 基坑底面积超过 120m² 的按一般石方列项

二、多项选择题（共 10 题，每题 2 分，共 20 分。每题的备选答案中至少有 2 个或 2 个以上是正确的，至少有 1 个是错误的，选错 1 个选项本题不得分，每选对 1 个选项得 0.5 分）

1. 表面振动器适用于振捣(　　)。

A. 楼板　　B. 地面

C. 板形构件　　D. 薄壳等薄壁构件

E. 过梁

2. 与外墙内保温相比，外墙外保温的优点在于(　　)。

A. 有良好的建筑节能效果　　B. 有利于提高室内温度的稳定性

C. 有利于降低建筑物造价　　D. 有利于减少温度波动对墙体损坏

E. 有利于延长建筑物使用寿命

3. 预制装配式钢筋混凝土楼板与现浇钢筋混凝土楼板相比，其主要优点在于(　　)。

A. 工业化水平高　　B. 节约工期

C. 整体性能好　　D. 劳动强度低

E. 节约模板

4. 关于平屋顶排水方式的说法，正确的有(　　)。

A. 高层建筑屋面采用外排水　　B. 多层建筑屋面采用有组织排水

C. 低层建筑屋面采用无组织排水　　D. 汇水面积较大屋面采用天沟排水

E. 多跨屋面采用天沟排水

5. 可用于室外装饰的饰面材料有(　　)。

A. 大理石板材　　B. 合成石面板

C. 釉面砖　　D. 瓷质砖

E. 石膏饰面板

6. 根据《房屋建筑与装饰工程工程量计算规范》(GB 50854—2013) 的规定，关于金属结构工程量计算的说法，正确的有(　　)。

A. 钢吊车梁工程量应计入制动板、制动梁、制动桁架和车挡的工程量

B. 钢梁工程量中不计算铆钉、螺栓工程量

C. 压型钢板墙板工程量不计算包角、包边

D. 钢板天沟按设计图示尺寸以长度计算

E. 成品雨篷按设计图示尺寸以质量计算

7.《房屋建筑与装饰工程工程量计算规范》(GB 50854—2013) 对以下措施项目详细列明了项目编码、项目特征、计量单位、计算规则(　　)。

A. 夜间施工　　B. 已完工程及设备保护

C. 超高施工增加　　　　　　　　　　D. 施工排水、降水

E. 混凝土模板及支架

8. 土方开挖降水深度约 16m，土体渗透系数 50mL/d，可采用的降水方式有（　　）。

A. 轻型井点降水　　　　　　　　　　B. 喷射井点降水

C. 管井井点降水　　　　　　　　　　D. 深井井点降水

E. 电渗井点降水

9. 根据《房屋建筑与装饰工程工程量计算规范》（GB 50854—2013）的规定，关于措施项目工程量计算的说法，正确的有（　　）。

A. 里脚手架按建筑面积计算

B. 满掌脚手架按搭设水平投影面积计算

C. 混凝土墙模板按模板与墙接触面积计算

D. 混凝土构造柱模板按图示外露部分计算模板面积

E. 超高施工增加费包括人工、机械降效，供水加压以及通信联络设备费用

10. 根据《建筑工程建筑面积计算规范》（GB/T 50353—2013）的规定，不计算建筑面积的有（　　）。

A. 建筑物首层地面有围护设施的露台

B. 兼顾消防与建筑物相同的室外钢楼梯

C. 与建筑物相连的室外台阶

D. 与室内相同的变形缝

E. 形成建筑空间，结构净高 1.50m 的坡屋顶

三、实务题（共 2 题，每题 30 分，共 60 分）

1. 某工程独立基础如图 1 所示。已知：土壤类别为三类土；基础垫层为 ClO 混凝土，独立基础及上部结构柱为 C20 混凝土；弃土运距 200m；基础回填土夯填；土方挖、填计算均按天然密实土。

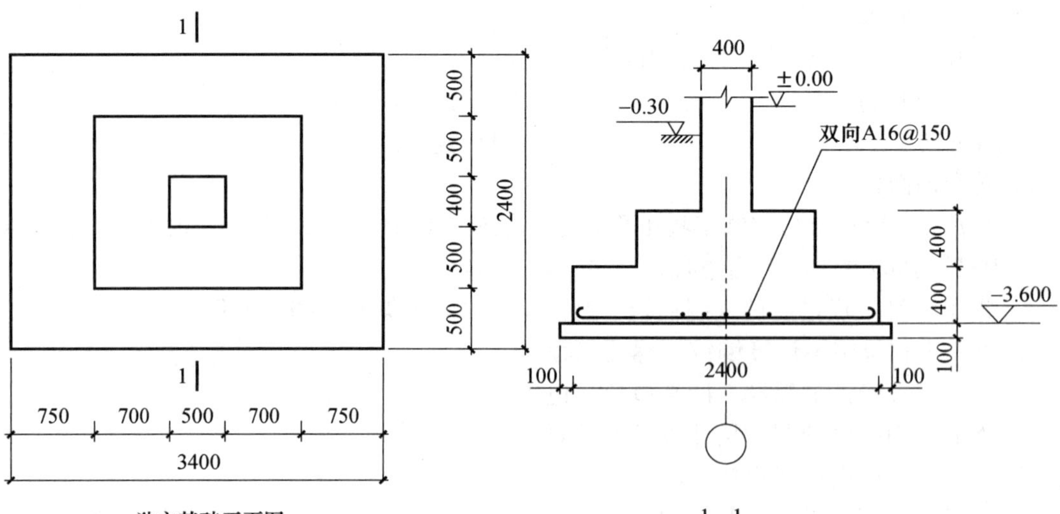

图 1　某工程独立基础

问题：(1) 列式计算表1所示的±0.00以下分部分项工程清单工程量，并按表2的格式编制分部分项工程量清单项目表。

表1　分部分项工程量清单的统一项目编码

项目编码	项目名称	项目编码	项目名称	项目编码	项目名称
010101003	挖基础土方	010401002	独立基础	010103001	基础回填土
010401006	基础垫层	010402001	矩形柱		

表2　±0.00以下分部分项工程量清单项目表

序号	项目编码	项目名称	项目特征	计量单位	工程量	备注

(2) 某承包商拟投标该工程，根据地质资料，确定柱基础为人工放坡开挖，边坡系数为0.33，工作面300mm，余土用翻斗车外运200m。试计算土方开挖、余土外运、基础回填土的施工工程量（均按自然方计算）。

(3) 该承包商使用的消耗量定额如下：挖1m³土方人工0.48工日（包括基底钎探用工）；每立方米土方运输（外运200m）需人工0.10工日、翻斗车0.069台班。已知：翻斗车台班单价为82.85元/台班，人工工资为45元/工日，管理费率为12%，利润率为6%，风险系数为0.5%。试按表3的格式编制人工挖基础土方综合单价分析表。

表3　人工挖基础土方综合单价分析表

<table>
<tr><td>项目编码</td><td colspan="2"></td><td>项目名称</td><td colspan="2"></td><td colspan="2">计量单位</td><td></td><td colspan="2">工程量</td><td></td></tr>
<tr><td colspan="12">清单综合单价组成明细</td></tr>
<tr><td rowspan="2">定额编号</td><td rowspan="2">定额名称</td><td rowspan="2">定额单位</td><td rowspan="2">数量</td><td colspan="4">单价（元）</td><td colspan="4">合价（元）</td></tr>
<tr><td>人工费</td><td>材料费</td><td>机械费</td><td>管理费和利润</td><td>人工费</td><td>材料费</td><td>机械费</td><td>管理费和利润</td></tr>
<tr><td></td><td></td><td></td><td></td><td></td><td></td><td></td><td></td><td></td><td></td><td></td><td></td></tr>
<tr><td></td><td></td><td></td><td></td><td></td><td></td><td></td><td></td><td></td><td></td><td></td><td></td></tr>
<tr><td colspan="4">人工单价</td><td colspan="4">小计</td><td></td><td></td><td></td><td></td></tr>
<tr><td colspan="4"></td><td colspan="4">未计价材料（元）</td><td colspan="4"></td></tr>
<tr><td colspan="8">清单项目综合单价（元/m³）</td><td colspan="4"></td></tr>
<tr><td rowspan="5">材料费明细</td><td colspan="4">主要材料名称、规格、型号</td><td colspan="2">单位</td><td>数量</td><td>单价（元）</td><td>合价（元）</td><td>暂估单价（元）</td><td>暂估合价（元）</td></tr>
<tr><td colspan="4"></td><td colspan="2"></td><td></td><td></td><td></td><td></td><td></td></tr>
<tr><td colspan="4"></td><td colspan="2"></td><td></td><td></td><td></td><td></td><td></td></tr>
<tr><td colspan="4">其他材料费（元）</td><td colspan="2"></td><td></td><td></td><td></td><td></td><td></td></tr>
<tr><td colspan="4">材料费小计（元）</td><td colspan="2"></td><td></td><td></td><td></td><td></td><td></td></tr>
</table>

注：工程量计算保留三位小数，价格保留两位小数。

2. 某工程项目发包人与承包人签订了施工合同，工期 5 个月。分项工程和单价措施项目的造价数据与经批准的施工进度计划如表 4 所示。总价措施项目费用 9 万元（其中含安全文明施工费用 3 万元），暂列金额 12 万元。管理费用和利润为人材机费用之和的 15%。规费和税金为人材机费用与管理费、利润之和的 10%。

表 4　分项工程和单价措施造价数据与施工进度计划表

分项工程和单价措施项目				施工进度计划（单位：月）				
名称	工程量	综合单价	合价（万元）	1	2	3	4	5
A	600m³	180 元/m³	10.8					
B	900m³	360 元/m³	32.4					
C	1000m³	280 元/m³	28.0					
D	600m³	90 元/m³	5.4					
合计			76.6	计划与实际施工均为匀速进度				

有关工程价款结算与支付的合同约定如下：

（1）开工前发包人向承包人支付签约合同价（扣除总价措施费与暂列金额）的 20%作为预付款，预付款在第 3、4 个月平均扣回。

（2）安全文明施工费工程款于开工前一次性支付，除安全文明施工费之外的总价措施项目费用工程款在开工后的前 3 个月平均支付。

（3）施工期间除总价措施项目费用外的工程款按实际施工进度逐月结算。

（4）发包人按每次承包人应得的工程款的 85%支付。

（5）竣工验收通过后的 60d 内进行工程竣工结算，竣工结算时扣除工程实际总价的 3%作为工程质量保证金，剩余工程款一次性支付；

（6）C 分项工程所需的甲种材料用量为 500m³，在招标时确定的暂估价为 80 元/m³，乙种材料用量为 400m³，投标报价为 40 元/m³。工程款逐月结算时，甲种材料按实际购买价格调整，乙种材料当购买价在投标报价的±5%以内变动时，C 分项工程的综合单价不予调整，变动超过±5%以上时，超过部分的价格调整至 C 分项综合单价中。

该工程如期开工，施工中发生了经承发包双方确认的以下事项：

（1）B 分项工程的实际施工时间为 2～4 月。

（2）C 分项工程甲种材料实际购买价为 85 元/m³，乙种材料的实际购买价为 50 元/m³。

（3）第 4 个月发生现场签证零星工费用 2.4 万元。

问题：（1）合同价为多少万元？预付款是多少万元？开工前支付的措施项目款为多少万元？

（2）求 C 分项工程的综合单价是多少元/m³？3 月完成的分部和单价措施费是多少万元？3 月业主支付的工程款是多少万元？

（3）列式计算第 3 月末累积分项工程和单价措施项目拟完成工程计划费用、已完成工程费用，并分析进度偏差（投资额表示）与费用偏差。

（4）除现场签证费用外，若工程实际发生其他项目费用为 8.7 万元，试计算工程实际造价及竣工结算价款。

（计算结果均保留三位小数）

参考答案

一、单项选择题

1. C　2. B　3. C　4. B　5. C　6. B　7. C　8. C　9. B　10. C
11. A　12. D　13. B　14. C　15. C　16. C　17. B　18. D　19. D　20. A

二、多项选择题

1. ABCD　2. ABDE　3. ABDE　4. BCDE　5. BD
6. ABC　7. CDE　8. BD　9. BCDE　10. AC

三、实务题

1. 问题 1：

① 清单工程量计算：

挖基础土方：(2.4＋0.1×2)×(3.4＋0.1×2)×(3.6＋0.1－0.3)＝31.824(m^3)

基础垫层：(2.4＋0.1×2)×(3.4＋0.1×2)×0.1＝0.936(m^3)

独立基础：2.4×3.4×0.4＋1.9×1.4×0.4＝4.328(m^3)

矩形柱：0.4×0.5×(3.6－0.8)＝0.560(m^3)

回填土：31.824－[0.936＋4.328＋0.4×0.5×(3.6－0.8－0.3)]＝31.824－5.764＝26.060(m^3)

② ±0.00 以下分部分项工程量清单项目如表 5 所示。

表 5　±0.00 以下分部分项工程量清单项目表

序号	项目编码	项目名称	项目特征	计量单位	工程量	备注
1	010101003001	挖基础土方	三类土，独立基础，开挖深度 3.4m，基底面积 3.6m×2.6m，弃土运距 200m	m^3	31.824	
2	010401006001	基础垫层	C10 混凝土，商品混凝土，厚 100mm	m^3	0.936	
3	010401002001	独立基础	C20 混凝土，商品混凝土，基底标高－3.6m，两步台高 2m×0.4m	m^3	4.328	
4	010402001001	矩形柱	C20 混凝土，商品混凝土，断面 0.4m×0.4m，±0.00 以下	m^3	0.560	
5	010103001001	基坑回填土	基坑原位土，夯填，无运距	m^3	26.060	

问题 2：

① 挖基础土方：(3.6＋0.3×2)×(2.6＋0.3×2)×1＋(3.6＋0.3×2＋3.3×0.33)×(2.6＋0.3×2＋3.3×0.33)×3.3＋1÷3×0.33^2×3.3^3＝77.508(m^3)

[土方四棱台体积计算公式为：$V=(A+2C+KH)\times(B+2C+KH)\times H+KKHHH/3$]

② 余土外运：0.936＋4.328＋[0.4×0.5×(3.6－0.8－0.3)]＝5.764(m^3)

③ 基础回填土：77.508－5.764＝71.744(m^3)

问题 3：

人工挖基础土方综合单价分析如表 6 所示。

表 6　人工挖基础土方综合单价分析表

<table>
<tr><td>项目编码</td><td colspan="2">010101003001</td><td>项目名称</td><td colspan="2">人工挖基础土方</td><td>计量单位</td><td colspan="2">m³</td><td colspan="2">工程量</td><td>31.824</td></tr>
<tr><td colspan="12">清单综合单价组成明细</td></tr>
<tr><td rowspan="2">定额编号</td><td rowspan="2">定额名称</td><td rowspan="2">定额单位</td><td rowspan="2">数量</td><td colspan="4">单价（元）</td><td colspan="4">合价（元）</td></tr>
<tr><td>人工费</td><td>材料费</td><td>机械费</td><td>管理费和利润</td><td>人工费</td><td>材料费</td><td>机械费</td><td>管理费和利润</td></tr>
<tr><td></td><td>基础挖土</td><td>m³</td><td>2.436</td><td>21.60</td><td></td><td></td><td>4.16</td><td>52.62</td><td>0</td><td>0</td><td>10.13</td></tr>
<tr><td></td><td>余土外运</td><td>m³</td><td>0.181</td><td>4.50</td><td></td><td>5.72</td><td>1.97</td><td>0.815</td><td>0</td><td>1.04</td><td>0.36</td></tr>
<tr><td colspan="4">人工单价</td><td colspan="4">小计</td><td>53.43</td><td>0</td><td>1.04</td><td>10.49</td></tr>
<tr><td colspan="4">45 元/工日</td><td colspan="4">未计价材料（元）</td><td colspan="4"></td></tr>
<tr><td colspan="8">清单项目综合单价（元/m³）</td><td colspan="4">64.96</td></tr>
<tr><td rowspan="5">材料费明细</td><td colspan="3">主要材料名称、规格、型号</td><td colspan="2">单位</td><td colspan="2">数量</td><td>单价（元）</td><td>合价（元）</td><td>暂估单价（元）</td><td>暂估合价（元）</td></tr>
<tr><td colspan="3"></td><td colspan="2"></td><td colspan="2"></td><td></td><td></td><td></td><td></td></tr>
<tr><td colspan="3"></td><td colspan="2"></td><td colspan="2"></td><td></td><td></td><td></td><td></td></tr>
<tr><td colspan="3">其他材料费（元）</td><td colspan="2"></td><td colspan="2"></td><td></td><td></td><td></td><td></td></tr>
<tr><td colspan="3">材料费小计（元）</td><td colspan="2"></td><td colspan="2"></td><td></td><td></td><td></td><td></td></tr>
</table>

每 $1m^3$ 人工挖基础土方清单工程量所含施工工程量：

人工挖基础土方：77.508÷31.824＝2.436(m^3)

机械土方运输：5.764÷31.824＝0.181(m^3)

人工费单价：

挖 $1m^3$ 土方人工费＝0.48×45＝21.60(元)

外运 $1m^3$ 土方人工费＝0.1×45＝4.50(元)

机械费单价：

外运 $1m^3$ 土方机械费＝0.069×82.85＝5.72(元)

管理费、利润和风险费用单价：

挖 $1m^3$ 土方＝21.60×(1＋12％)×(1＋6％＋0.5％)－21.06＝4.16(元)

外运 $1m^3$ 土方＝(4.5＋5.72)×(1＋12％)×(1＋6％＋0.5％)－(4.5＋5.72)＝1.97(元)

2. 问题 1：

① 合同价＝(76.6＋9＋12)×1.1＝107.36(万元)

② 预付款＝76.6×1.1×20％＝16.852(万元)

③ 措施费＝3×1.1×85％＝2.805(万元)

问题 2：

① 甲种材料费用＝500×(85－80)×1.15＝2875(元)

乙种材料费用＝400×(50－40×1.05)×1.15＝3680(元)

综合单价＝280＋(2875＋3680)÷1000＝286.555(元/m^3)

② 3 月完成的分部和单价措施费＝32. 4÷3＋286. 555×1000÷10000÷3＝20. 352(万元)
③ 3 月业主支付的工程款＝(20. 352＋6÷3)×1. 1×85％－16. 852÷2＝12. 473(万元)
问题 3：
拟完工程计划投资累计＝(10. 8＋32. 4＋28÷3)×1. 1＝68. 053(万元)
已完工程实际投资累计＝(10. 8＋32. 4×2÷3＋28. 656×2÷3)×1. 1＝56. 654(万元)
已完工程实际投资累计＝(10. 8＋32. 4×2÷3＋28×2÷3)×1. 1＝56. 173(万元)
投资偏差＝56. 173－56. 654＝－0. 481(万元) 投资增加
进度偏差＝56. 173－68. 053＝－11. 88(万元) 进度拖延
问题 4：
实际造价＝(76. 6＋9＋2. 4＋8. 7)×1. 1＝106. 37(万元)
质保金＝106. 37×3％＝3. 191(万元)
竣工结算款＝106. 37×15－3. 191＝12. 765(万元)

参考文献

[1] 全国造价工程师执业资格考试培训教材编审委员会．建设工程技术与计量（土建部分）[M]．北京：中国计划出版社，2017.

[2] 张建平．建筑工程计量与计价[M]．北京：机械工业出版社，2016.

[3] 全国造价工程师执业资格考试培训教材编审委员会．建设工程造价案例分析[M]．北京：中国计划出版社，2017.

[4] 全国造价工程师执业资格考试培训教材编审委员会．建设工程造价管理[M]．北京：中国计划出版社，2017.